"Die Dinge zu lösen wie bisher, hat die heutigen Probleme erst verursacht. Mitarbeitermangel, Klimawandel, Bildungsunterschiede, zunehmende Armut sind dabei nur einige von vielen nun sichtbaren Auswirkungen alter Denkweisen. Denn die Ursachen dafür gehen viel tiefer: wir haben wesentliche Erfolgsgesetze nicht beachtet."

SABINE HAUSWIRTH

SABINE HAUSWIRTH

DER TAG ALS MEINE ZAHNPASTA DAS RADFAHREN BEGANN

Die Erfolgsgesetze der Zukunft

Bibliografische Information der Deutschen Nationalbibliothek
Die Deutsche Nationalbibliothek verzeichnet diese Publikation in der Deutschen Nationalbibliografie; detaillierte bibliografische Daten sind im Internet über https://dnb.d-nb.de abrufbar.

Aus Vereinfachungsgründen wählen wir eine Sprache, die nicht den aktuell üblichen genderkonformen Sprachformen entspricht. Um Komplexität zu vereinfachen, haben wir diesen neutraleren Weg gewählt.

Umschlag, Illustration, Satz: Sabine Hauswirth
Umschlagsmotiv & Gestaltung: Sabine Hauswirth, unter Verwendung von Grafiken von Studiog und Alena Batura

Bildnachweis Grafiken und Icons in diesem Buch - Die Urheber:
mayoricons, iconixar, shmaiinc, cuputo, INORTON, Becris, CHirawan, creativemahira, icons8, Fahmi Cedric Images, Atomic Icon, Flatart, nithinintatah, Eucalyp, iconsy, Juicy Studios LTD, Dervish 47, Chattapat, Suzine's Images, Saepul Nahwan, maryicons, agusraharj, Leremy Gan, Muhammad Atif, Rafiico Studio, Mykola Lytvynenko, Doddis, creativepriyanka, Obraztsov, itim2101, Mena Vega, Mavadee, Sumitsaengthong, Arttahanane, Vasabii, Achmadi Yusuf, Startup Graphic Design, Anar Abasov's Images, Barudak Lier, Visual Generation, iconsolid, Canva, Studio 365/witdhawatyicons, Dimpleoo, Massupakaewgahya, Nubaia, dDara, Puckung, StudioG, Alena Batura, iconbros, Korkeng's Images, Leremy Gan, Gingkaewicons, Prohee, Smalllike, Mynamepong, MR Rashad, WiStudio Elements, Puruanstock, Thanhloc123, Smashing Stocks/Vectors Market, Iconfromus, Kelly's Images, Sketchify/Vena Wega.

Druck und Distribution im Auftrag der Autorin:
tredition GmbH, Halenreie 40-44, 22359 Hamburg, Deutschland

Verlagslabel: Lichtscheune Media & Management
1.Auflage

ISBN Softcover: 9783945114551
ISBN Hardcover: 9783945114612
ISBN E-Book: 9783945114629

Druck und Distribution im Auftrag des Verlags:
Lichtscheune Media und Management Sabine Hauswirth, Rosenheim

UNGEWÖHNLICHE ZEITEN

erfordern ungewöhnliche Strategien

Wir leben in einer Zeit dauerhafter, schneller Veränderungen und Krisen. Dazu kommen demografischer Wandel, Klimawandel, Kriege und digitale Transformation. Dies zusammen ergibt einen Mix, der mit zunehmender Krisenhäufigkeit und Herausforderungen ein neues Denken benötigt, das Lösungen anders erzeugt, und dafür bisherige Strukturen für das Lösen komplexer Themen in Frage stellt. Dieses Buch habe ich entsprechend dem Phänomenbasierten Lernen in Phänomene eingeteilt, die immer Topics enthalten für Lösungs-Impulse. Die jeweiligen Phänomene typisiere ich in Design Cafés, die unterschiedliche Bereiche abdecken: Lifetime Design Café für die Gestaltung von Lebenszeit, Economy Design Café für die Gestaltung ökonomischer Grundlagen und Upycling Design Café für Innovationskraft, die aus der Haltung besteht, erst einmal zu bewahren, und daraus etwas Neues zu schaffen. Ich gebe Topics als Impulse und Arbeits- und Lerngrundlage. Lösungen müssen immer individuell gestaltet und entwickelt werden. Die Topics enthalten entsprechenden Quellen für zusätzliche Informationen, und damit kann man die Topics weiter bearbeiten. Dies zusammen ergibt meine Erfolgsgesetze der Zukunft. Sie sind Grundlage für das Erarbeiten von individuellen Lösungen. Ich empfehle hierzu Learning Circles, Workshops oder ähnliche offene Arbeits- und Lernmethoden. Wer die Herausforderungen unserer Zeit bewältigen und Unmögliches ermöglichen will, muss in die Tiefe gehen.

Sabine Hauswirth

Inhalts-
verzeichnis

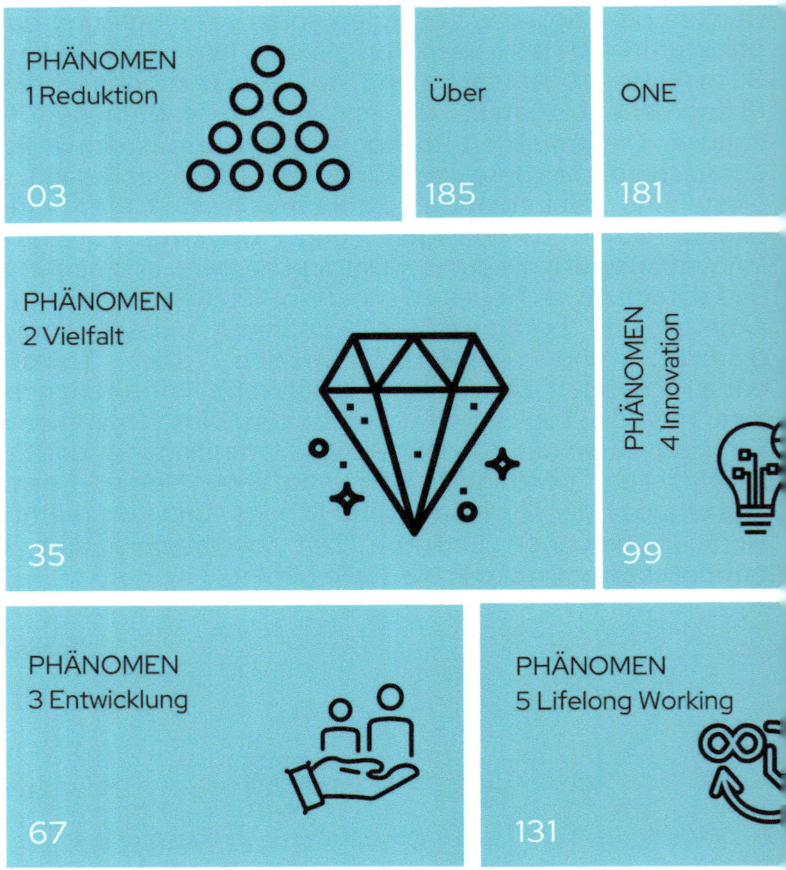

Design of Change

01 Reduktion

In einer komplexen Welt schneller Veränderungen benötigen wir Strukturen und Strategien, die das Zuviel reduzieren helfen.

02 Vielfalt

Trotz Turbo-Kapitalismus mit abschreckender Wirkung wird das Denken über wahren Reichtum durch das Erzeugen von Vielfalt wichtiger denn je, um in einer Ära von Dauer-Krisen und schneller Veränderung flexibel und resilient zu bleiben.

03 Entwicklung

Schnelle Veränderungen im Zeitalter digitaler Transformation sind ein zentrales Thema, nicht nur von Unternehmen. Lernen und Entwicklung ist deshalb für alle notwendig.

04 Innovation

Die Dinge wie bisher zu lösen, funktioniert nicht mehr. Die komplexen Herausforderungen unterschiedlicher Art erfordern eine neue Herangehensweise und neues Denken. Grundlage dafür ist Entwicklung.

05 Lifelong Working

Arbeit wird neu definiert werden müssen, wollen wir eine Zukunft gestalten, die alle Menschen einbezieht und Gesundheit fördert .

Reduktion

PHÄNOMEN 1

REDUKTION

Reduktion von Komplexität und Zuviel in allen Bereichen ermöglicht erst Entwicklung von Vielfalt, Wachstum und wahren Reichtum. Reduktion geht tief und ist die Grundlage für ein erfolgreiches und erfülltes Leben. Wo dieses Prinzip nicht gelebt wird, gehen falsches Erfolgsdenken, Zerstörung und Einfallslosigkeit einher.

Reductionsintelligenz

[Intelligenz für Komplexität + Zuviel]

Mehr, Höher, Weiter im Außen führte in den letzten Jahrzehnten, so wie ich das sehe, zu einer fatalen Vernichtung unseres Planeten Erde, zu einem fatalen Ungleichgewicht in ökonomischer Hinsicht und wir sehen heute die Konsequenzen dessen bereits mehrfach. Wir sehen aber auch eines: dass wir alle miteinander verbunden sind und nicht erst die neueste Forschung der Quantenphysik, die im Nobelpreis 2022 endete, dies belegt. Wenn wir in unserem Inneren das Höher, Weiter und Mehr im Sinne einer persönlichen Fülle entwickeln, dann können wir das im Außen zumindest als Kompensation irgendwann aufgeben. Persönliche Weiterentwicklung des Menschen sehe ich deshalb geradezu als den Schlüssel, um dieser hedonistischen Tretmühle zu entkommen. Denn je mehr wir wollen, desto mehr entgleitet uns unser Inneres. Und umso mehr werden wir Stress haben, ungesund und unnatürlich leben. Bei Reduktion geht es darum, Komplexes und Zuviel zu vereinfachen lernen. Das Zuviel ist wie eine grundsätzliche innere Überhitzung, die durch unterschiedliche Kompensationsversuche eine Lösung finden will. Dass dies in einer komplexen Welt und in einer Welt von Klimawandel, Kriegen und Dauerkrisen nur zu Umwegen und Ausreden führt, sehen wir in vielen Bereichen, wo nichts mehr so funktioniert wie bisher. Wir aber machen weiter wie bisher. Wir reden von Change und Vielfalt, wissen aber im Prinzip nicht, wie das geht. Reduktion ist eine Möglichkeit. Sie erdet und macht bodenständig. Auf dieser Grundlage erst entstehen sinnvolle Vielfalt, Einfallsreichtum und Innovation. Reduktionsintelligenz bedeutet daher: richtige Entscheidungen für sich selbst zu treffen, Abgrenzung und Priosierung zu lernen und den Kompensationen Adieu zu sagen. Zuviel bedeutet schlichtweg, dass irgendetwas aus dem Ruder gelaufen ist, seien es die Aufgaben oder der Stress oder einfach Situationen, die belasten. Reduktionsintelligenz heißt auch, all das Komplexe, was aus epigenetischer Sicht vererbt wurde und sich in unserer traumatisierten und traumatisierenden Gesellschaft und Wirtschaft fortsetzt, zu transformieren. Zuviel und Komplexes bewältigen erfordert deshalb Hinschauen, um auf Grundlage einer Reduktion uns weiterzuentwickeln.

Erfolgsgesetze

[altes Denken + versus neues Denken]

Die Dinge zu lösen wie bisher, hat die Probleme erst verursacht. Mitarbeitermangel und viele Probleme der heutigen Zeit gehen in den Ursachen viel tiefer: wir haben wesentliche Erfolgsgesetze nicht beachtet. Dieses Buch beschreibt die Erfolgsgesetze der Zukunft, wie ich sie sehe. Kurz, knapp, impuls-gebend. Erfolg im bisherigen Kontext wird zu hinterfragen sein. Gewinnmaximierung, falsches Profitdenken sind nur ein paar Ursachen für die Zerstörung unseres Planeten Erde. Mitarbeiter-Mangel, Klimawandel, Finanzkrisen, zunehmende Armut, Frauenhass und Bildungsdefizite sind nur ein paar Erscheinungsformen dafür, was wir bisher mit altem Denken anstatt mit Zukunftsdenken gelöst haben. Dieses Buch ist in Topics unterteilt, die wir anschauen und erledigen müssen, um die gesamte Thematik von anpackenden Lösungen und Zukunftsdenken zu erfassen. Wir haben ein Höher, Schneller, Weiter dem persönlichen Wachstum und innerer Vielfalt vorgezogen. Wo Komfortzonen und nicht-agile Strukturen, wo Lernen und Entwicklung nicht vorhanden, wo Marketingkampagnen anstatt Potenzialförderung vorherrschen, wo Ungleichheiten verstärkt werden, können die Herausforderungen einer neuen Ära nicht gelöst werden. Die Topics sind Impulse für die anstehenden Aufgaben, nicht Lösungen. Denn Herausforderungen, die komplex sind, fordern zu Co-Creation und Co-Learning auf. Auch heutiges Consulting heißt Co-Creation, nicht Sagen-wie-es-geht. Individuelle Lösungen bedeuten, Modelle konkret für den Bedarf zu erstellen. Mein Buch gibt Impulse dafür. Wer Neues Denken vertiefen möchte, das Wege in der Lösung komplexer Fragestellungen erleichtern soll, sollte hier weiterlesen. Jedem einzelnen Phänomen habe ich jeweils 15 Topics zugeordnet, die ich für Zukunftsdenken relevant halte. Komplexität benötigt als Grundlage Reduktion. Reduktion entsteht durch Tiefgang und radikalem, an die Wurzeln gehendes Denken. Erst dadurch kann Vielfalt entwickelt und Innovation gestaltet werden. Diese Kombination lässt das Wesentliche, also Essenz und gute Lösungen entstehen. Diese Essenz nenne ich ONE als Ergebnis eines strukturierten Prozesses, der Analyse, Gefühl, Kreativität und Offenheit verbindet.

Integration

[Gegenwart + Achtsamkeit]

Wer sich Reduktion aneignen möchte, um konzentrierter und intensiver leben zu können, muss lernen, die Vergangenheit in die Gegenwart zu integrieren. Anstatt sie zu verdrängen oder zu vergessen, lassen wir sie am besten los. Dies bedeutet, nicht ständig unsere Gedanken dort zu haben und so unsere Energien zu binden, anstatt sie für die Gegenwart einzusetzen. In der Gegenwart anzukommen bedeutet, durch Achtsamkeit und Pausen immer wieder Gedankenleere für Neues zuzulassen. Achtsamkeit kann man lernen in unterschiedlichen Facetten. Sogar Lernen in Achtsamkeit ist möglich, indem wir ein Selbst-Gefühl in den Prozess des Lernens einbringen. Gerade weil unsere Vergangenheit als großer Teil unseres autobiografischen Gedächtnisses auch beim Lernen mitwirkt, ist es wichtig, diese Vergangenheit nicht auszublenden, sondern integrativ mitwirken zu lassen. Dies geschieht, wenn wir unser Selbst einbringen, und das funktioniert nur, wenn wir sowohl den linken und den rechten Verarbeitungsmodus[1] unseres Gehirns einbeziehen. Lassen wir einen Teil weg, sind wir nicht ganz und nicht authentisch. Sind wir mit unserem Selbst präsent, ist reflektives Denken möglich. In einem solchen Rahmen ist dann auch Veränderung möglich. A. H. Almaas[2], ein bedeutender Weisheitslehrer, formuliert das folgendermaßen: "Ihr gestaltet in jedem Augenblick eure Zukunft, indem ihr eure Vergangenheit fortsetzt. Jeder möchte auf dieselbe Weise weitermachen, und doch wundert ihr euch, warum sich euer Leben nicht frisch oder neu anfühlt, sondern vielmehr wie ein Sumpf. Ihr sagt, dass ihr neues Leben, Frische, Veränderung, Transformation wollt. (...) Es geht nicht um Erfolg oder Glück; es geht darum, echt, wirklich zu sein."
So sind wir in der Lage, neben Analyse, strategischer Herangehensweise auch „mit kontextabhängigem Denken umzugehen, das ‚große Bild' zu sehen und Mehrdeutigkeiten einzubeziehen. (...) Das bedeutet nicht den Ausschluss von faktischem Wissen (eine Spezialität des linken Modus) und vom Lösen von Problemen, die so häufig ein Fokus des konventionellen Bildungswesens sind (...)."[3]

Vergangenheitsbewältigung

[Trauma + Identität]

Vergangenheit ist vorbei. Diese Vergangenheit können wir nicht mehr ändern. Deshalb ist es so wichtig, sich in der Gegenwart ganz bewusst aufzuhalten und dies wahrzunehmen lernen. Wer sich aus der Vergangenheit insoweit befreit, dass das Fühlen und Denken in der Gegenwart stattfinden kann, spart erheblich viel Zeit und Engagement und Energie für die Dinge, die man in der Gegenwart beeinflussen kann. Nur in der Gegenwart können Ziele, Wünsche, gutes Leben und Visionen angekurbelt werden. Ein wichtiger Part der Vergangenheitsbewältigung ist die gesamtgesellschaftliche Aufgabe, wenn es um traumatisierte Gesellschaften geht. Wenn "in einer Gemeinschaft die meisten Menschen psychisch traumatisiert sind, dann bilden sie auch zusammen traumatisierte und traumatisierende Gesellschaften"[1] Doch wie entsteht so etwas? Am offensichtlichsten durch Kriege und in Deutschland ist der Krieg noch nicht lange her. „Kriege sind systematische Projekte, um Menschenmassen zu traumatisieren, sowohl als Trauma-Opfer als auch als Trauma-Täter. Auch konkurrenzorientierte Wirtschaftssysteme erzeugen millionenfach Trauma-Opfer und Trauma-Täter. Ebenso können Mann-Frau-Beziehungen leicht zu einer Quelle gegenseitiger Traumatisierung werden. Und schließlich ist die Kindheit ein Alptraum, aus dem die Menschheit gerade erst erwacht [2]. Auf ihre Art findet anscheinend jede Elterngeneration Mittel und Wege, ihrer Kindergeneration schwere psychische Schäden zuzufügen. Heutzutage sind es u.a. Höchstraten von Kaiserschnittgeburten, frühe Fremdbetreuung in Kinderkrippen, massenhaft geschiedene Eltern und ein konkurrenzorientiertes Schulsystem, das Kindern schon früh die Höchstleistung abverlangt, von ihren Spielbedürfnissen Abstand zu nehmen und an die Zukunft zu denken. In einer traumatisierten Gesellschaft ist es nicht leicht, sowohl privat wie beruflich zu sich selbst zu finden. Daher muss das als eigenes Ziel gesetzt werden[3]. Eine Gesellschaft, die sich der Vergangenheit nicht stellt, wird keine eigene Identität entwickeln. Der Weg heraus ist Heilung und Konfrontation mit den eigenen Traumata.

Müssen

[Druck + fehlende Motivation]

Da wäre es also wieder. Dieses immer wiederkehrende Programm, wenn Unruhe entsteht. Oder wollen wir es lieber Stress nennen? Ist es fast schon so etwas wie ein lieb gewonnener Freund oder eine beste Freundin, die sich mit uns angefreundet und auf eine ganz besondere Weise uns lieb gewonnen hat. Ja, ich habe „lieb" gesagt. Denn was wäre denn ein Tag ohne das Klagen über zu viel und über chronische Dauerbelastung. Wir fühlen uns unter Druck oft deshalb, weil wir Dinge machen, die wir machen müssen. Klar, sagen jetzt die einen, naja, hat die eine Ahnung, wenn ich am Fließband stehen oder ich meine 60-Stunden-Woche arbeiten muss, dann gibt's doch gar keine anderen Möglichkeiten. Naja, sage ich dann zurück, viel Auswahl haben wir nicht. Aber reichen auch schon zwei Möglichkeiten? Also ich meine jetzt irgendwie so bildlich gesprochen einen Weg und eine Wegegabelung. Die Wegegabelung geht einmal nach links und einmal nach rechts. Das will ich damit sagen? Wir haben trotz allem in den meisten Fällen eine Möglichkeit, dass wenn etwas wirklich unerträglich geworden ist, uns dagegen zu entscheiden. Ohnmacht ist immer Abgabe von Macht. Sprich: wenn Dauer-Hecheln und Dauer-Funktionieren zu einem wirklich unliebsamen Freund oder einer verfremdeten besten Freundin geworden sind, dann gibt es doch nur eines – das, was wir nicht mehr wollen, zu verabschieden und nein zu sagen. Und es führt auch nur in den Abgrund, wenn wir so weitermachen wie bisher. Und jetzt kommt der Oberhammer: müssen tu ich sowas von überhaupt nicht. Stress ist manchmal einfach auch ein Überkompensieren oder ein Davonlaufen vor dem Inneren. Um nicht falsch verstanden zu werden: es gibt vieles, das wir auch nicht beeinflussen können, klar. Aber wir benötigen Strategien, dazu gehört unter anderem Vertrauen in die eigene Selbstmacht. Wer zu lange im Müssen bleibt, hat Dauer-Stress und desto weniger haben wir psychische Widerstandsfähigkeit. Das nennt man auch Resilienz. Umso weniger können wir kluge Entscheidungen treffen. Zu viel Müssen ist keine Lösung. Der Ausstieg aus dem Müssen ist dagegen ein Muss.

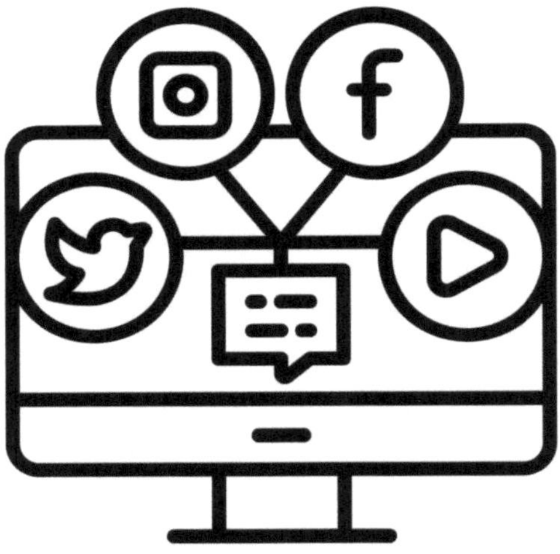

Digital Detox

[Zuviel + Digital]

Willkommen im Club "Digital Detox", dem Sonderprogramm für Verwirrungs-Entgiftung durch schädlichen Umgang mit Smartphones, Tablets und sonstigen netten Ablenkungsprogrammen. Nun, da darf ich einfach nur erwähnen, dass es tatsächlich einen Zusammenhang zwischen zu viel digitalem Input und Stress, ja sogar Schlafstörungen gibt.[1] So, und jetzt komme ich dann noch mit der Hirnforschung: da gibt es also kleine sogenannte Neurone, die werden gebildet, wenn wir uns durch Lernen anstrengen oder sonst irgendwie tätig werden durch Aktion, Bewegung oder Berührung. Diese sogenannte Neurogenese ist also das Wachsen unseres Gehirns, auch Plastizität des Gehirns genannt. Das kann also wachsen, aber auch zurückgehen. Durch viele verschiedene Ursachen kann das zurückgehen, aber eben auch durch unsachgemäßen Umgang mit digitalen Medien.[2] Und das nenne ich Strudelkrautzwirn. Also die Verminderung unserer Neuronalen Netze und das Durcheinander im Kopf, weil Neuronen zurückgebildet werden. Es geht ja sogar noch weiter – ein Gehirn, das nicht in Achtsamkeit trainiert wird, stellt eine stetige Gefahr für unsere Bindungsfähigkeit und unser soziales Verhalten dar. Wir reden immer wieder von Integration, von Verbindung – aber im Außen. Dass wir in unserem Gehirn darüber hinaus ständig Integration herstellen könnten, das wissen die wenigsten. Unser Präfrontalkortex, das ist der evolutionär am höchsten entwickelte Bereich unseres Gehirns, zuständig für unsere kognitiven Fähigkeiten und Selbstkontrolle, kann immer durch unsere Finger berührt werden. Unser Stammhirn durch unsere Handflächen, und unser limbisches System, unser Bereich für Emotion und vieles mehr, über die Daumen. Das Beten, das ja Gläubige durch Ineinanderlegen der Hände und Finger machen, berühren dabei ihr gesamtes Gehirn und bringen es so in eine sogenannte „neuronale Integration"[3]. Hirnforscher wissen, dass davon unser Wohlbefinden ausgeht. Digital Detox bedeutet, wieder das Be-Greifen und Berührung zu lernen jenseits digitaler Medien.

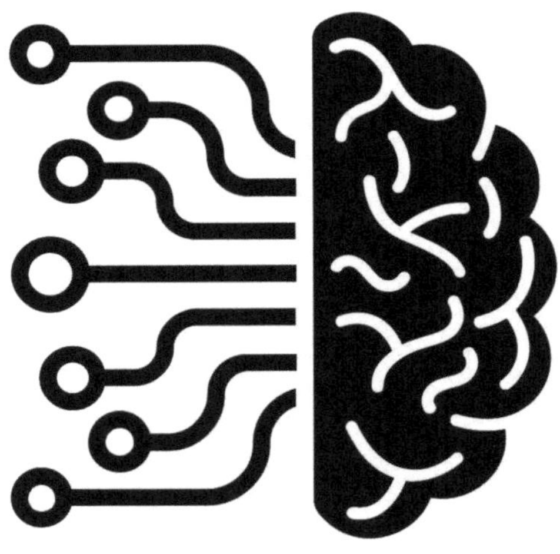

Strudelkrautzwirn

[Digital Overflow + Planungsfähigkeit]

Zunehmende digitale Welt bringt uns aus der Bewegung, aus der echten Berührung – außer der Berührung von Displays –, weg von Handarbeit und weg von Naturerfahrung. Der Mensch also als Digital Junkie, der sich von sich selbst entfernt, nur noch von Integration spricht, sich selbst aber nicht mehr integrieren oder binden kann. Daher einfach so weitermachen, und irgendwann hat Ihr Smartphone Sie in der Hand und nicht umgekehrt? Sorgen Sie für eine regelmäßige Digitaldiät, ansonsten bleibt die Gefahr, dass Ihr Gehirn abbaut! Der Strudelkrautzwirn mag das zwar vielleicht, weil Durcheinander kann schön sein, die Frage ist nur für wen. Die Schlafstörungen, die zu viele Menschen mittlerweile haben, müssen nicht zwingend vom Strudelkrautzwirn kommen, Fakt aber ist, dass mangelnder Schlaf PLUS Dauerstress und die Folgen durch ständigen fehlerhaften Umgang mit digitalen Medien fatale Auswirkungen haben. Die Energie, die durch Ablenkung durch digitale Medien und zusätzlich durch Schlafmangel abgezogen wird, fehlt uns in unserem täglichen Arbeitsablauf oder bei der so wichtigen Potenzialentfaltung. Es gibt es sehr viele Studien über Schlafmangel, Konzentrationsmangel und die Zusammenhänge mit Wohlbefinden und positiver Lebensgestaltung. Nicht nur dass nachgewiesen wurde, dass bei Schlafmangel der Zusammenhang zwischen Einkommen und gefühlter Lebenszufriedenheit schlechter wird, sondern auch der Verlust unserer Kreativität, unsere Erfindungsgabe, und unseres Selbstvertrauens, ja sogar unsere Fähigkeit für Führungsaufgaben und Entscheidungsprozesse[1] und unsere gesamte geistige Performance wird regelrecht verschlechtert. Langfristige Entscheidungen wie Zukunftssicherung und Altersvorsorge, aber auch die gesamte Lebensgestaltung wird durch eine schlechte geistige Performance nachhaltig beeinträchtigt. Durch Technik ständig und intensiv mit der Außenwelt verbunden, verlieren wir zunehmend die Verbindung zu unserer Innenwelt und damit zu unserer eigenen Natur[2], was sich dann auch im Außen, in unseren Beziehungen, der Umwelt und im Klima zeigt.

Natur

[Evolution + Naturgesetze]

Ich bin ein absoluter Fan von digitalen Medien und Anwendungen. Doch ich habe mich seit langem mit den negativen Auswirkungen digitalen Konsums auseinandergesetzt und entsprechende Forschungserkenntnisse gelesen. Denn wussten Sie, dass Forscher herausgefunden haben, dass Fernseh- und Computerbildschirme sowie Tablets Auswirkung auf ihre körpereigene Produktion von Melatonin haben, nämlich negative Auswirkungen?[1] Schlafmangel, Stress, Überarbeitung – das macht etwas mit uns Menschen. Zur Reduktion von Zuviel und Stress ist nachweislich die Natur eine ideale Möglichkeit. Die Amygdala, eine zentrale Gehirnregion, die an der Stressverarbeitung beteiligt ist, wird nachweislich eine Verringerung ihrer Aktivität im Zusammenhang mit Stress zugeschrieben. Eine kausale Schlussfolgerung wird gestützt von einer Studie der Lise-Meitner-Gruppe[1] Umweltneurowissenschaften, in der durch Magnetresonanztomografie (fMRT) bei Probandinnen und Probanden festgestellt wurde, dass allein nach einem einstündigen Spaziergang in der Natur die Amygdala-Aktivität abnahm und daraufhin auch stabil blieb. Die Studie wurde auch im Zusammenhang mit Risikofaktoren für psychische Gesundheit von Land- und Stadtbewohnern gemacht. Die Erkenntnisse, dass Natur unterstützend auf psychische Gesundheit wirkt, wurden zusätzlich gestützt durch eine zuvor durchgeführte Studie[2], die die Zusammenhänge zwischen Hirngesundheit und wohnortnaher Natur wie Wald, städtische Grün- oder Wasserflächen belegte. Dies wird sich nachhaltig auf die zukünftige Städtebauplanung auswirken, da diese Studien bisher bereits Erkenntnisse belegten, dass selbst Stadtmenschen, wenn sie nach draußen gehen, eine verringerte Aktivität ihrer Amygdala und somit verringerten Stress nachweisen konnten. Natur bleibt somit wesentliches Element im Leben des Menschen.

Dauerstress

[Stress + Dauerzustand]

Zu viel Stress, keine Pausen, machen den Berg immer höher. Denn das Gehirn mag keinen Dauerstress und auch keine dauerhaft einseitige Nutzung. Es benötigt Ausgleich und Integration beider Gehirnhälften. Das lässt die Neuronen wachsen, neuronale Netzwerke stärken und das nennt man Neurogenese. Und Neurogenese ist bester Schutz gegen Angst und Panik und bestes Mittel für Wohlbefinden.[1] Überlastung und Dauerstress wirken sich auf unser limbisches System aus. Das limbisches System erhitzt und auf der Gegenseite, das analytische, kognitive System fährt runter: Fehler, Unkonzentriertheit, Unfähigkeit zu planen und mehr können die Folge davon sein. Dass wir uns das nicht leisten können, liegt auf der Hand. In diesem Fall auch wieder ein einfacher Tipp: Gehen Sie raus in die Natur, wo keinerlei störende Einflüsse auf Sie einwirken. Die Natur ist von Ihrer Evolutions-Intelligenz her so entwickelt, dass sie auf unser Gehirn beruhigend und entspannend wirkt, und das einfach so und kostenlos. Sie spricht unser Unbewusstes sehr stark an reduziert nachweislich Stress. Das limbische System kann abkühlen, die Kognition wird wieder hochgefahren. Alternativen sind vielfältig. Suchen Sie sich die Möglichkeiten, die zu Ihnen passen. Meditation oder Achtsamkeits-Übungen, die zu Gedanken-Leere helfen, sind ein paar der Möglichkeiten. In Gedanken-Leere finden Ideen statt, niemals in der lauten Gedankenwelt eines überfüllten Tages. Bilder als „Anker" zu Zielen in der Natur suchen, dazu bestimmte Bewegungsübungen machen und damit zugleich gute Gefühle verbinden, sind ebenso Möglichkeiten.[2] Wer ganzheitlich Körper, Geist und Seele trainiert, wird nicht nur Stress abbauen, sondern auch seine Konzentration, Reaktionsgeschwindigkeit und Planungsfähigkeit erhöhen. Und sich einer Manipulierbarkeit durch digitale Medien und Algorithmen leichter entziehen können, als dies Menschen tun, die nur noch durch Digitalisierung einseitig ihr Gehirn „trainieren". Auch hier geht es wieder darum, nicht zu übertriebenem Aktionismus hin zu Verzicht in jeglicher Form zu neigen. Es ist eine Lernaufgabe, zu wissen, was Dauerstress mit uns Menschen macht und Strategien zu kennen, diesen Dauerstress zu überwinden.

Feierabend

[Zeit + Privates]

Ich habe diesen Topic bewusst so gewählt, wohl wissend, dass heute oft die Grenzen zwischen Arbeitszeit und Privatzeit verschwinden oder immer mehr Zeitgrenzen ineinander fließen. Wo das Berufliche und Privates zunehmend vermischt sind, sollten wir umsomehr lernen, dennoch Grenzen zu ziehen. Ich nenne das Feierabend. Auch wenn man etwas gern tut, ist es wichtig, Grenzen zu ziehen. Das heißt, berufliche Tätigkeiten zu beenden, ganz bewusst. Das heißt auch, Hobbies, und grundsätzlich Tätigkeiten, die wir gerne tun, irgendwann zu beenden. Warum? Wir brauchen nicht nur Pausen, sondern wir benötigen ein Gefühl für Zeit, die bewusst erlebbar und fokussierbar ist, in der wir uns selbst und unseren Bezug zu unserem Inneren spüren. In einer Dauerschleife von Aktivität besteht die Gefahr, sich selbst zu verlieren. Es gilt, zu erkennen, wann es genug ist. Freizeit – Arbeit – Feierabend – erfordern eine Rangliste an Prioritäten, die man setzt, um auch in Krisenzeiten nicht auszubrennen. Über Franz von Assisi habe ich einmal folgende Regel gelesen, die er empfahl: tue zuerst das Notwendige, dann das Mögliche und dann kann Unmögliches geschehen. Er hatte dies zwar in anderem Zusammenhang gemeint, aber es kann Sinn machen, eine solche Reihenfolge wahrzunehmen. Warum? Prioritäten bringen die Möglichkeit, Feierabend von allen Aktivitäten trotz noch anstehender Aufgaben zu machen. Wussten Sie nämlich, dass bereits 2015 43 % der Deutschen oft stundenlang durchs Internet surften und mal dies und jenes klicken? Also wahllos Zeit verbringen, ohne sich dessen bewusst zu sein? Oder wussten Sie, dass 21 % der Deutschen denken, dass sie vor lauter Medienkonsum das wirkliche Leben verpassen?[1] Die Medienindustrie und der technische Fortschritt in dem Bereich ist rasant und ergibt Geräte, die uns emotional erfassen und uns Ratschläge geben für alle möglichen Lebens-Situationen. Das wahre Leben findet jedoch immer noch in Ihrem Inneren statt. Grenzen von Arbeit zur Nicht-Aktivität zu ziehen, bedeutet bewusste Zeitqualität für die innere Stimme und entwickeln, die auf Geräte-Ratgeber verzichten kann.

Lernen mit Emotion

[Emotionales Lernen + Gehirnforschung]

Anstatt Multitasking zu betreiben, also parallel zu arbeiten, ist ständiges Wiederholen und Üben, je nach Typus Mensch entweder die Dinge nacheinander tun oder zwischen den Dingen Hin-und-Herwechseln[1], sinnvoll. Wenn dabei eine Fokus-Tätigkeit gewählt wird, erleichtert man die eigene Ablauf-Organisation. Indem man Unerledigtes oder Unvollbrachtes notiert, wird die Effizienz verstärkt. Dieses Wechseln zwischen unterschiedlichen Aufgaben macht kreativer und auch das wird im Satellite-Core-Modell zunutze gemacht.
Im Satellite Core Modell[2] wird dieses Wissen ganz bewusst genutzt. Es geht darum, sich unterschiedlichen Tätigkeiten zu widmen, diese sukzessive und immer wieder zu wiederholen, um sich in einzelnen Feldern stetig zu verbessern. Am effektivsten lernen wir und werden dadurch in allem besser, wenn wir emotional berührt und durch angemessene Aufgaben entsprechend motiviert sind. Denn darum geht es im Modell auch: Nicht nur aus reiner Freude etwas zu tun, sondern dabei auch strukturiert vorzugehen, für die eigene Persönlichkeit die entsprechend angemessene Aufgabe zu formen, und zugleich emotional angesprochen zu sein. Deshalb geht es nicht nur beim Erledigen von Aufgaben und beim Lernen um das Fühlen durch all unsere Sinne sowie um Emotion und Berührtheit. Zur Strukturierung gehört eine gewisse zeitliche Abfolge, um diese Felder zu „bedienen". Dabei sollten wir Zeit berücksichtigen, ohne Zeitmanagement zu betreiben. Denn Zeitmanagement in der Weise, wie wir es bisher kennen, bedarf immer der Kontrolle und hat mit Selbstwirksamkeit recht wenig zu tun. Kontrolle ist ein wenig funktionierendes Regulativ. Wenn wir nacheinander Potenziale trainieren oder Dinge lernen, stärken wir Schritt für Schritt Effizienz in unserer Selbstwirksamkeit. Anstatt eines auf Selbstkontroll-Modus ausgerichtetes Leben, das dauerhaft krank macht, ist es wichtiger, zu fühlen, was wir erleben. Indem wir Körpersignale wahrnehmen oder Emotionen, treffen wir grundsätzlich bessere Entscheidungen[3].

GO

Unlearning

[Verhaltenstraining + Neubewertung]

Bei Unlearning geht es um Veränderung von Verhaltensweisen. Das bedeutet, dass gewisse Maßnahmen für Veränderung ergriffen werden, die zu dauerhaft eingefügten neuen Verhaltensweisen führen. Gleichzeitig bedeutet es auch eine Neubewertung dessen, was wir gewohnt sind und was wir uns zukünftig wünschen. Diese mentalen Bewertungen, die wir laufend machen, kommen aus dem Denken und aus dem Verstand. Wenn wir also bisher unsere Komfortzone, also all das, was wir gewohnt waren als "gut für uns" bewertet haben, ist dies in uns gespeichert. In der heutigen VUCA[1] Welt werden wir immer öfter erleben, dass wir uns adaptiv-situativ anpassen müssen. Das bedeutet auch, uns aus Komfortzonen und liebgewonnenen Verhaltensweisen zu verabschieden. Es ist eine Erkenntnis aus der jahrelangen kognitiven Verhaltenstherapie, dass Menschen ihr Handeln, ihre Situation, ihre Ereignisse, mental bewerten und dies in ihrem Gehirn abgespeichert als Erfahrungs- Gedächtnis haben. Zum Ändern von Verhaltensgewohnheiten dauert es mehrere Monate, bis sich etwas Neues wieder erlernt hat. Wir nennen dieses „Unlearning". Wir lernen am besten mit Bildern. Positives besser mit positiven Bildern, weil das positive Gefühle hervorruft, und wir am besten lernen, wenn wir dabei gute Gefühle empfinden. Ich möchte Ihnen ein lustiges Beispiel einer mentalen Bewertung zeigen, die einer der wichtigsten und einflussreichsten Psychologen der Gegenwart, Walter Mischel[2] beschrieben hatte: „Jeder der eine Diät macht, weiß, dass süße Verlockungen eine Anziehungskraft ausüben, sobald der Kühlschrank offen ist oder der Kellner die Desserts aufzählt. Die Anziehungskraft liegt jedoch nicht im Reiz selbst, sondern in seiner mentalen Bewertung: wenn man anders über ihn denkt, erlebt man ihn anders und reagiert auch anders darauf. Das verlockende Mousse au Chocolat auf dem Servierwagen des Restaurants wirkt weniger verführerisch, wenn man sich vorstellt, dass gerade eine Kakerlake in der Küche daran genascht hat." Wenn wir also wirklich etwas verändern wollen in unserem Verhalten, müssen wir es neu bewerten.

Persönlichkeit

[Persönlichkeitsentwicklung + Selbst]

Persönlichkeitsentwicklung funktioniert umso besser, je besser wir unser ganzheitliches Selbst aktiviert haben. Das ganzheitliche Selbst wird dann leichter aktiviert, wenn wir uns in einer ruhigen Stimmung befinden und negative Affekte[1] gedämpft wurden. Ich persönlich bin Fan der PSI-Theorie nach Storch und Kuhl, in der die vier Teilsysteme des Menschen beschrieben werden, die „in ihrem Zusammenspiel dafür verantwortlich sind, wie ein Mensch die Welt wahrnimmt, in welcher Gefühlslage er sich befindet und wie er seine Handlungen ausführt. Diese vier Teilsysteme sind: die intuitive Verhaltenssteuerung, der Verstand, der Fehler-Zoom, das Selbst. Jeder Mensch verfügt über alle vier Teilsysteme."[2] Zwischen diesen vier psychischen Systemen zu wechseln ist die Voraussetzung dafür, auf Affekte gut reagieren zu können. Das Wechseln zu lernen, ist wiederum Voraussetzung dafür, gute und kluge Entscheidungen im Leben zu treffen. Hier geht es wesentlich um den Umgang mit Gefühlen. Da unsere Gefühle unsere Wahrnehmung steuern, unsere Informationsverarbeitung und unsere Handlungen, sind sie wesentlicher Bestandteil unserer Persönlichkeitsentwicklung. Was wir daraus machen und all unsere Erfahrungen im Lauf unseres Lebens dabei integrieren, macht dann unsere Persönlichkeit aus. Persönlichkeitsentwicklung entsteht am besten, indem wir unsere negativen (schmerzhaften) und positiven (glücklichen) Erfahrungen integrieren lernen. Es geht dabei darum, nicht nur auf positive Glücksmomente ausgerichtet zu sein, sondern insbesondere auch schmerzhafte Erfahrungen aushalten zu können. Es geht dabei immer wieder um das Selbst, das ein Bedürfnis nach Autonomie und nach Leistung und Steigerung der eigenen Kompetenzen sowie dem Bedürfnis nach Beziehung und Verbundenheit hat. Wenn und mit welchen Konsequenzen dieses Selbst verraten wird, darüber schrieb Arno Gruen[3] in all seinen Büchern. In einer Gesellschaft sollte deshalb anstatt Konformismus zu fördern die Autonomie eines jeden im Vordergrund stehen. Konformismus führt zu Krankheit, und macht im weitesten Sinn eine ganze Gesellschaft krank. Ein gesundes Selbst sorgt für sich, ist krisenfester und resilient und macht sich frei von Abhängigkeiten.

Zeit

[Zeit + Raum]

Zeit ist relativ. Nicht erst seit Albert Einstein. Das Problem unserer heutigen Zeit ist, dass sich die Veränderungsgeschwindigkeit, die vor allem durch die digitale Transformation bedingt ist, sich exponentiell erhöht hat. Um mit dieser Geschwindigkeit mit dem sogenannten Innovation Gap, also dem Abstand für den Anschluss an diese Transformation, mithalten zu können, wird nicht nur in Unternehmen oft eine höhere Geschwindigkeit auch beim Arbeiten verlangt. Doch nehmen wir uns kurz die Zeit, dies näher zu betrachten. Können wir uns dauerhaft selbst optimieren, auch in der Geschwindigkeit? So manch ein Zukunftsforscher berichtet, dass bereits jetzt viele Menschen zur Leistungssteigerung und Erhöhung der Aufmerksamkeit zu Medikamenten wie Ritalin greifen, das normalerweise zur Affektregulation bei ADHS eingesetzt wird. Analysieren wir das Zeitproblem einmal aus einfachster Sicht: wo zu wenig Zeit ist und wo anstatt dessen auch die Geschwindigkeit erhöht wird, haben wir zu viel zu tun. Das Problem liegt also an der Fülle an Aufgaben, nicht an der Zeit. Zeitforscher wie Karl-Heinz-Geißler bestätigen das: zuwenig Zeit heißt zuviel zu tun. In Konsequenz heißt dies, das Zuviel zu beseitigen. Wie viele Meetings sind überflüssig? Wie viel Unnötiges wird gesprochen, und damit Zeit verschwendet! Die Liste ist lang, und jeder von uns hat hier eigene Ideen, was die Zeitfresser ausmacht. Die Zukunft wird viel Selbstoptimierung durch Medikamente bringen. Ich bin kein Fan von Medikamenten zur Selbstoptimierung und plädiere vielmehr für das Training der von mir so benannten Reduktionsintelligenz, der ich einen eigenen Topic widme. Hier geht es darum, sich aus der neuesten Forschung der Neurowissenschaften zu bedienen sowie die Telomer-Forschung und alte Weisheit sowie evolutionäre Grundregeln zu verbinden. Der Mensch kann sich verändern, er kann aber nicht x-beliebig daueroptimiert werden. Letzteres lehne ich allein aus ethischen Gründen ab. Zeit und damit Zeitqualität schaffen wir, indem wir Nein sagen. Je mehr Events und Tätigkeiten, umso mehr Verzicht ist erforderlich. Zeit ist für Entwicklung gedacht, aus der Essenz und Qualität entsteht (ONE).

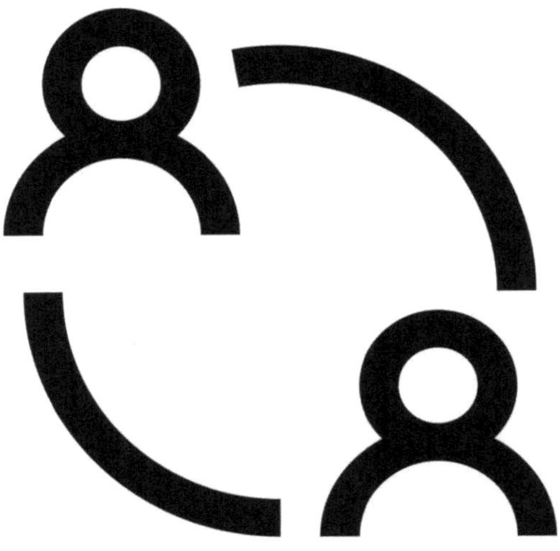

Bindung

[Persönlichkeitsreife + Erfahrung]

Die grundsätzliche Lösung unserer gesellschaftlichen Entwicklung und Probleme wird das Fördern von Bindung zwischen Menschen und auch gesellschaftlichen Schichten. Nicht erst seit John Bowlby[1], dem Begründer der Bindungstheorie, wissen wir, wie wichtig zunächst die Bindung zwischen Müttern und ihren Kindern ist. Mit seinem 1969 erschienenen Buch 'Bindung – Eine Analyse der Mutter-Kind-Beziehung', begründete Bowlby die Bindungstheorie. Die Herausforderung unserer Gesellschaft ist, Bindung und die Konsequenzen fehlender Bindung zu erforschen sowie die erforderlichen Schritte einzuleiten. Denn beispielsweise Jugendgewalt ist oft fehlende Bindung und Unterstützung, begründet durch ein emotionales Vakuum, das zu Aggression führt. Auch hier wieder, meinem Prinzip der Topics folgend, das zu vertiefen, ist Sache jedes Einzelnen und der Beteiligten in gesellschaftlichen Prozessentwicklungen. Bindung ist der relevante Klebstoff für Vertrauen und ist begründet durch die Ausschüttung von Oxytozin. Wo um gesellschaftlichen Kontext Bindung fehlt, beispielsweise durch zunehmende Ausgrenzung auch bedingt durch die zunehmende Schere zwischen Arm und Reich, wird Aggression und auch erhöhte Tötungsraten ernten. Denn das menschliche Gehirn toleriert gewisse Ungleichheit. Jedoch gibt es Toleranzgrenzen. Jenseits dieser Grenzen entsteht Aggression.[2] Dies ist Dynamit für unsere Gesellschaft, auch angesichts gehäufter Krisen, Kriege und Inflation in historisch gigantischem Ausmaß. Ein Sprengstoff für Bürgerkriege. Wir können hier ansetzen, indem wir Ausgrenzung zurücknehmen und Integration der Schwächsten vornehmen. Dazu gehören für mich auch das Zurücknehmen jeglichen Elitedenkens und vermeintlicher Vorrangstellung dank besserer Bildung. Hätten wir keine Armut oder Ausgrenzung, wären der Zugang zu Bildung schon von Kleinkindalter an gegeben. Bindung ist daher eine Aufgabe der Gesellschaft. Denn Ausgrenzung und Konflikte hängen damit eng zusammen. Um Bindungsprozesse zu gestalten, muss man sich zugleich auch mit der traumatisierten Gesellschaft befassen. Bindung anstatt Selbstverlust[3] ist in diesem Kontext relevant.

Vielfalt

PHÄNOMEN 2

VIELFALT

Wahrer Reichtum wird durch Fülle und Vielfalt im Inneren erzeugt, die sich dann auch in Geld umwandeln kann. Vielfalt kommt von Innen, die auf Grundlage von Reduktion entsteht. Vielfalt zu entwickeln erfordert Zeit.

Training der Vielfalt

[Training + Diversität]

In dem Moment, wo wir etwas tun, erforschen, Neues erleben, machen wir eine Erfahrung. Das wird wiederum von unserem Gehirn „verankert" und neue Gehirnzellen und Verbindungen entstehen. Dies einmal vereinfacht beschrieben, ist Lernen und Stärkung unserer Verbindungen im Gehirn. Und dies in allerletzter Konsequenz regelmäßig wiederholt, fördert ein „Dynamisches Gehirn"[1] und dadurch vernetztes Denken, Einfallsreichtum, Flexibilität. Die Hirnforschung nennt diese Erscheinung oder auch Neuroplastizität und die Entstehung neuer Gehirnzellen Neurogenese. Beispiele ausgesprochener dynamischer Gehirne findet man bei all denjenigen, die sehr viel trainieren. „Auffällige anatomische Veränderungen im Gehirn finden sich häufig bei Profis wie Musikern oder Leistungssportlern, weil sie dies über lange Zeit intensiv trainieren."[2]

Ständiges Wiederholen und Üben von auch vielen und unterschiedlichem Potenzial macht also fit. Man muss nicht gänzlich auf Multitasking verzichten, auch wenn dies für viele Menschen zu Stress und mangelnder Konzentration führen kann. Besser ist, mehrere zu erledigende Dinge anders anzugehen. Die Dinge nacheinander zu tun, ist für das konzentrierte und bessere Erledigen von Dingen einfacher. Oder aber zwischen den Dingen bewusst hin und her zu wechseln[3], um dann jeweils den nächsten Schritt aufzuschreiben, der noch nicht erledigt ist.[4] Und auf diesem Trainings-Prinzip ist das Satellite Core Modell aufgebaut. Ständiges Wiederholen und Üben, je nach Typus Mensch entweder die Dinge nacheinander tun oder zwischen den Dingen Hin-und-Herwechseln[5], dabei eine Fokus-Tätigkeit wählen, Ergebnisse & Produkte aus weiteren Tätigkeiten weitestgehend auslagern für bessere Organisation und Skalierbarkeit sowie Unerledigtes oder Unvollbrachtes aufschreiben. Das Wechseln zwischen unterschiedlichen Aufgaben macht kreativer und auch das wird im Satellite-Core-Modell zunutze gemacht.

Create Treasure Value

[Schatzkiste Mitarbeiter + Wachstum]

Wahrer Reichtum kommt von Innen. Davon bin ich bis heute überzeugt und ich bin wahrlich sturmerprobt, weder in Watte gebettet noch Teil einer Erbendynastie. Ich weiß, wovon ich rede. Für mich ist das oberste Prinzip, um in einer Ära gravierender Herausforderungen bestehen zu können, das Entwickeln von Talent. Ob das in Unternehmen ist, ob das in eigener Sache und privat ist, es geht darum, sich im eigenen Potenzial und im eigenen Talent zu trainieren, um darin so gut zu sein, dass es nicht nur Spaß macht, sondern es für die eigene Existenz und persönliche Weiterentwicklung einen echten Schub macht. Doch ich komme zu meinem Lieblingsthema der Mitarbeitergewinnung: was ich meine wahrzunehmen, ist das Lösen von Problemen mit alten Konzepten. Denn wie viele Unternehmen machen Employer Branding und Recruiting, um Talente von Außen zu holen, ohne zuvor geklärt zu haben, wo der eigentliche Schatz im Unternehmen ist: die Talente direkt inhouse, direkt im Unternehmen. Ich stelle immer wieder fest, dass ein derartiger Verrat am Selbst, den Arno Gruen in all seinen Büchern so gut beschreibt, nach wie vor in allen Bereichen nicht nur der Wirtschaft zu bestehen scheint. Die Talente und Potenziale nicht zu sehen und anzuerkennen, die im eigenen Unternehmen ja längst da sind. Anstatt dessen Menschen von Außen zu holen. Diese Tatsache wird sich nachhaltig rächen, denn ich bin davon überzeugt, dass die Bildung eines unternehmenseigenen Corporate Think Tank durch gezieltes Talentmanagement das zukünftige Wachstum darstellt. Ich nenne diesen Reichtum den 'Treasure Value', der entsteht durch strukturiertes Potenzial-Training. Diese Förderung von idealerweise Multi-Potenzial wird zukünftig verstärkt benötigt. In Zeiten von Arbeiterlosigkeit wird es wichtig, verschiedene Fähigkeiten zu haben, um bisher auf unterschiedliche Personen verteilte Tätigkeiten in einer Person zu vereinen. Treasure Value Bildung ist ein enormer Zeitinvest in Entwicklung von Mitarbeitern, um zukünftige Innovation und Business Development zu bewältigen. Treasure Value geht dabei von Wertschätzung anstatt Ausbeutung von Mitarbeitern aus.

Armutsbeseitigung

[Armut + Satellite Core Modell]

Um Armut zu beseitigen, ist es wichtig zu wissen, wie sie nicht nur äußerlich entsteht, sondern welche Auswirkungen diese auch auf unser Gehirn und somit epigenetisch auch auf die Vererbbarkeit hat. Das Satellite Core Modell steht für das Training aller Potenziale und ist so auch ein Modell für Potenzialförderung. Unsere Gehirnentwicklung ist ein sich selbst organisierender, durch Interaktion mit der Außenwelt gelenkter Prozess. Keine andere Spezies, nur der Mensch, kommt mit einem so wenig genetisch vorstrukturierten Gehirn und instinktmäßig festgelegten Reaktions- und Verhaltensmustern zur Welt. Deswegen kommen wir als „Nesthocker" zur Welt und ab da beginnen der Lernprozess und die sogenannte Neuroplastizität. Alles, was wir tun, alles, was wir erfahren, wird abgelegt und als Erinnerung abgespeichert. Daraus entstehen unterschiedliche Fähigkeiten und unterschiedlich stark geprägte oder geförderte Potenziale, darauf baut das Satellite Core Modell. So entstehen durch Verschaltung und Verdrahtung von Milliarden von Nervenzellen unterschiedlichste Funktionseinheiten, auch neuronale Netze genannt. Diese Netzwerke entstehen also in Abhängigkeit von den Nutzungsbedingungen und Erfahrungen und in Abhängigkeit von diesen Netzwerken sind Konzentration, Lernen und Gesundheit abhängig. Wo wir trainieren oder gefördert werden, helfen wir unserem neuronalen Netz. Wenn wir Tätigkeiten machen, die uns liegen, erzielen wir bessere Ergebnisse. Armut hat jedoch für die neuronale Plastizität enorme negative Auswirkungen. Wer Vielfalt in einer Gesellschaft will, muss zuerst Armut beseitigen, da prekäre Familienverhältnisse bei Kindern sichtbare Spuren im Gehirn hinterlassen und bereits in den ersten Lebensjahren erkennbar schlechtere kognitive Leistungen nachweisbar sind[1]. Potenzialentfaltung wird in dem Zusammenhang dann eine Frage der Vermögensverhältnisse und das, obwohl Talente und Genies in allen gesellschaftlichen Schichten vorzufinden sind. Armutsbekämpfung ist deshalb nicht nur finanzielle Unterstützung, sondern Erziehung zur Autonomie anstatt erlernter Hilflosigkeit[2] im Familiensystem. Wo Fachkräftemangel herrscht, kann umso mehr auf keinen Menschen verzichtet werden.

Gemeinschaft

[Zusammenhalt + Wachstum]

Wir leben in einer Zeit, in der Komplexität und Krisen einen dauerhaften Bestandteil unseres Lebens darstellen und Gemeinschaft und Zusammenhalt bedroht scheinen. Gemeinschaft entsteht aus der Akzeptanz echter Vielfalt. Vielfalt hat mit der Akzeptanz und Offenheit gegenüber allen Nuancen unseres Lebens zu tun. Ich rede hier ganz bewusst nicht von der überall vorherrschenden Gender Diversity. Ich bin überzeugt davon, dass wir das nicht bräuchten, wären wir im Inneren vielfältig und hätten wir unseren vielfältigen Facetten und Nuancen und Potenzialen eine Chance für Weiterentwicklung gegeben. Vielfalt entsteht im Innern. Erfolgreich trainiert, hätten wir eine vielfältige Neurogenese entfaltet, die Voraussetzung ist für vernetztes Denken, Offenheit und Flexibilität. Wir hätten dann auch eine leise Ahnung von Neurosignaturen, die die vielfältigen Unterschiede von uns Menschen tatsächlich ausmachen mit entsprechenden neuen Sichtweisen auf Personal, Arbeitswelten, private Entscheidungen. Einmal nur die Altersdiversität betrachtet, sehen wir massive Fehlentscheidungen. Meine Erfahrungen aus Gesprächen mit Personalberatern zeigt, dass nicht nur bei Bewerbungen eine krasse Intoleranz gegenüber älteren Bewerbern zu herrschen scheint. Eine Statistik zu Altersdiskriminierung der Antidiskriminierungsstelle des Bundes zeigt außerdem: Jede zehnte Beratungsanfrage wegen Diskriminierung bezog sich 2020 auf das Alter und kommt insbesondere im Arbeitsleben, beim Zugang zu Versicherungen oder Finanzgeschäften sowie beim Zugang zu öffentlichen Gesundheits- und Sozialleistungen vor. Dies und viele andere Themen gehören für mich zum Topic 'Gemeinschaft'. Egal, ob ältere Menschen gewisse (digitale) Fähigkeiten erworben haben oder nicht: wenn wir umdenken, können wir Potenziale anerkennen. Wir entdecken neue Lösungen und wenden uns anderen Erfolgsgesetzen zu. Fortschritt in einer Gesellschaft entsteht nur durch Gemeinschaft.
Wer von Diversität spricht, muss deshalb Gemeinschaft leben und entsprechend handeln. Ansonsten ist es Marketing und Täuschung.

Hänsel und Gretel

[Epigenetik + Transgenerationale Traumatisierung]

Wenn wir gesellschaftspolitische Zusammenhänge endlich auch aus neurowissenhaftlicher und transgenerationaler Sichtweise betrachten würden, kämen wir der Brisanz von Armut mit fatalen gesellschaftlichen Folgen viel leichter auf die Spur: Armut hinterlässt schon ganz früh Spuren im Gehirn[1] und bringt das neuronale Netzwerk derart in Rückstand mit entsprechenden Folgen auf kognitive Fähigkeiten[2]. Epigenetik[3] lässt das auch noch vererben und verschlimmert das Ganze. Wenn wir das berücksichtigen und beheben wollen, bringt es uns unseren Vorfahren und auch Wurzeln näher: wir würden Hänsel und Gretel besser verstehen und die Gebrüder Grimm als die Genies der damaligen Zeit anerkennen. Sie brachten diese neurowissenhaftlichen Erkenntnisse und Epigenetik zusammen. Doch noch heute ist diese Erkenntnis nicht weit genug verbreitet, denn sonst hätten wir längst andere Ansätze in der Armutsbeseitigung[4]. Armut ist kognitionsschädigend. Punkt. Sie wird dann auch noch vererbt, das zeigen ganz klar Erkenntnisse aus der Epigenetik sowie der Telomer-Forschung[5]. Das Gute daran ist: dank neuester Telomer-Forschung lässt sich unser Leben und der Zustand unserer Telomere als Bestandteil unseres Erbgutes verändern[6]. Auch nehmen wir Einfluss auf unser neuronales Netz und damit unsere Kognition, wenn wir, vorausgesetzt es ist freiwilliges Tun, es trainieren und immer wieder zwischen Aktivität Pausen einlegen. Wie mittlerweile viele wissen, bin ich Fan von Kreativitäts- und Vielfalt-Training, das hier auch gute Ansätze leisten kann. Hier gibt es auch viele andere Ansätze, die nun entwickelt werden sollten: Bewegung, gesunde Ernährung, Berührung und Tastsinn und vieles mehr[7]. Armut bindet auf negative Art und Weise vorhandene Ressourcen in Potenzialen, die wir auch in Zeiten von Arbeiterlosigkeit uns gar nicht mehr leisten können. Dort schlummern Talente, ohne dass sie es selbst wissen, weil sie nie eine Chance hatten. Wir sollten also Platz für Bildung und Autonomie schaffen, anstatt weiter zuzuschauen, wie erworbene Hilflosigkeit und Abhängigkeit sich fortsetzen[8]. Die Epigenetik[9]hinter Hänsel und Gretels Brotkrümel sind jedenfalls bedeutend.

18+

Hans und Greta

[Hänsel und Gretel + Erwachsenwerden]

Hans und Greta werden also irgendwann nicht mehr Hänsel und Gretel und damit aus den Kinderschuhen erwachsen sein. Ziel sollte also sein, Hänsel und Gretel in ihrer transgenerationalen Traumatisierung[1] und Armut bis ins Erwachsenenalter sinnvoll zu unterstützen, damit Neurogenese stattfinden und unsere Telomerase wirkungsvoll beeinflusst werden kann. Anstatt dem Lebkuchenhaus und der symbolisch für das Böse in der Manipulation stehenden Hexe zu erliegen, um dort in Gefangenschaft zu leiden, wären neurogenese-fördernde Maßnahmen von klein auf wichtig. Neurogenese hilft für Verbesserung der Kognition, für Resilienz und ist sogar eine Panikbremse[2]. Wir allerdings machen weiter wie bisher, auch im Bildungssystem: kein Wissen um Neurosignatur, Neurowissenschaften und gehirngerechtes Lernen. Kein Wissen um die transgenerationale Traumatisierung und die Folgen für unsere Gesellschaft. Anstatt dessen Verdrängung in vielen Bereichen und die Rosa Decke, um nicht hinzuschauen oder hinschauen zu müssen. Wenn wir Hans und Greta als Hänsel und Gretel verstanden hätten, wären wir heute nicht da, wo wir sind: in einer Gesellschaft, die viel redet, ohne zu kommunizieren und wirklich Lösungen zu finden. Eine gesunde Psyche ist die Grundlage für Hans und Greta, um erwachsen zu sein und sich selbst zu verstehen. Eine gesunde Psyche versteht sich selbst, geht in Selbstreflexion und damit in gesunde Reflexion mit der Welt. Wenn wir das Verständnis dafür entwickeln, dass wir das Verständnis für die Welt und unsere Mitmenschen nur über unser Inneres entwickeln können, ist schon viel Gutes angestoßen. Wenn wir uns laufend weiterentwickeln, uns dabei in Selbstreflexion üben, werden wir Vergangenheit, Gegenwart und Zukunft gut unterscheiden können, ohne uns darin zu verlieren. Wir werden ein gesundes Ich und Wir entwickeln und Hans und Greta werden ihren Existenzkampf aus der elterlichen Vererbung transformieren können hin zu Reichtum und einem erfüllten Leben. Sie werden ihre Potenziale trainieren, ihre Fülle mit ihren jeweiligen Lebenspartnern teilen und an ihre Kinder weitergeben.

Freiheit

[Verantwortung + Autonomie]

Freiheit ist ein weiter Begriff. Doch Freiheit beginnt dort zu enden, wo Ungleichheit in Ungerechtigkeit mündet. Für mich ist die Definition von Freiheit, wenn Menschen ihr Glücklichsein, also ein positives Leben, konkret benennen können. Freiheit fängt für mich also zunächst bei positiver Lebensgestaltung an. Erst wenn das kippt, sind Gefahren für die Freiheit gegeben, weil dieses Ungleichgewicht zu Unzufriedenheit und einem empfindsam berührten Ungerechtigkeitsempfinden führt. Die Konsequenzen sind Aufstand, Bürgerkrieg oder gar Krieg im schlimmsten Fall. Freiheit ist für mich die Teilhabe aller an positiver Lebensgestaltung. Nicht jeder hat die Möglichkeit, an Bildung, finanzieller Freiheit und Wohlstand gleichermaßen teilzunehmen. Denn das ist eine Realität, die so oft nicht wahrgenommen oder verdrängt wird. Fangen wir bei Geld und damit Gehältern an: Gehalt ist mehr als nur der so oft beschriebene Hygienefaktor. Ich habe eine solche Situation auch mal finanzmathematisch berechnet, also unter Berücksichtigung von Inflation und ggfs. unter Berücksichtigung einer Investition in Altersvorsorge. Fatal! Es wird die nächsten Jahre noch schlimmer, weil bereits heute klar ist, dass sich die meisten Leute ihr Leben nicht mehr erarbeiten durch ihre Gehälter, sondern durch Vererbung. Das DIW unter Marcel Fratscher beschreibt dies in einer Publikation als die zunehmende Ungleichheit in der Bevölkerung.

Ich beschreibe das als Dynamitfass und Sprengstoff für demokratische Verwerfungen. Hier werden wir nur 2 Alternativen haben zukünftig: Umverteilung durch den Staat oder Verantwortungsökonomie der vielen Erben mit Höchstsummen, die abgeben. Ersteres ist wahrscheinlicher. Wer also Freiheit wirklich ernst nimmt, wird starke Ungleichheiten, wie sie zukünftig insbesondere auch durch das Vererben von Vermögen forciert werden, nivellieren müssen. Wenn wir uns als Einheit betrachten und unsere Freiheit wahren wollen, benötigen wir eine Verantwortungs-Ökonomie, die auch Schenkungen und Erbe ernst nimmt und daraus eine gesellschaftliche Teilhabe entstehen lässt. Freiheit entsteht immer auch durch Gerechtigkeit. Diese Freiheit bekommt niemand geschenkt.

Diversität

[Vielfalt + Potenziale]

Diejenigen, die mein Satellite Core Modell kennen, wissen, dass ich mich für das Training des vielfältigen Potenzials stark mache und das selbst auch lebe. Für mich ist eines klar: Vielfalt kommt ausschließlich von Innen. Alles Andere und so viele Programme, die es heute unter dem Dach 'Diversity' gibt, sind für mich reines Marketing und Einflussnahme. Gelebte Vielfalt ist das Zulassen innerer Vielfalt, die im Außen sich entfalten und zeigen darf. Doch das wird vielerorts weder verstanden noch akzeptiert. Und wie häufig werden vielfältige Talente heute noch als 'bunt' oder 'Bauchladenkünstler' abgestempelt? Fehler!!! Denn genau dies wird die Problematik der Arbeiterlosigkeit entschärfen! Warum? Vielfältige Menschen können mehrere Fähigkeiten in einer Person abdecken, ohne dabei in Stress zu geraten. Schon mit Leonardo da Vinci wurde Vielfalt konkret sichtbar gemacht und aufgezeigt und schon damals als gefährlich eingestuft. Leonardo da Vinci, eines der größten Genies einer ganzen Ära und bis heute, saß ewig im Gefängnis dafür. Noch heute ist diese Einstellung tief in unserer Gesellschaft verwurzelt. Wir benötigen zukünftig Fantasie, Einfallsreichtum und Future Thinking. Allesamt Skills, die bisher nicht gesellschaftsfähig waren. Denn die Herausforderungen unserer Gesellschaft werden definitiv nicht mehr lösbar sein mit bisherigen Methoden und Strategien. In einer Zeit der Arbeiterlosigkeit benötigen wir die Offenheit gegenüber Vielfalt, die gelebt wird. Ansonsten ist es reiner kollektiver Verrat am Selbst und das Tappen in Marketing-Fallen für Vielfalt ohne gelebte Vielfalt. Vielfalt erst erzeugt Talente und Reichtum. Ein vielfältiges neuronales Netzwerk macht flexibel, tolerant, innovativ und resilient. Das strukturierte Training der Vielfalt unter klarer Konzentration, ermöglicht erst ein vielfältiges neuronales Netz. Voraussetzung dafür ist Zeit, Reduktion von Zuviel und Motivation. Die Konzentration auf das was man gerade tut, ist auch in der Telomer-Forschung, die für Gesundheit und Langlebigkeits-Fitness steht, positiv anerkannt. Hinzu kommt das Wissen um die sogenannte Neurosignatur[1]. Auch die Diskussionen um Besetzung von mehr Frauen in Führungsebenen berücksichtigen immer noch zu wenig die Vielfalt, die in der Neurowissenschaft belegt ist und im Gehirn entsteht [2].

Das Herz

[Innen + anstatt im Außen leben]

Um ein gutes und glückliches Leben zu führen, gibt es sicherlich unterschiedliche Möglichkeiten. Doch in einer digitalen Welt und einer Welt des Dauerkonsums sowie in einer Welt, in der das Außen so präsent vorgeführt wird, scheint alles, was nicht öffentlich dargestellt ist, nicht normal zu sein. Um aus einer Welt auszusteigen, die Glanz anstatt Substanz vorlebt, ist es wichtig, dem Ruf des eigenen Herzens zu folgen. Denn wenn wir im Außen leben und uns fortlaufend an Anderen orientieren, leben wir nicht unser eigenes Leben: wir leben das Leben der Anderen. Wir entwickeln uns nicht selbst und wir orientieren uns nicht an unserem Inneren. Wir leben ein anderes Leben, nur nicht das unsere. Selbst wenn wir erfolgreich darin sind und vermeintliche Erfolgs-Stationen wie „Geld", „Macht" und „Gewinn" erreicht haben, kann nichts darüber hinwegtäuschen, dass wir uns selbst betrogen haben. Um nicht missverstanden zu werden: ich behaupte nicht, dass jemand, der viel Geld und Gewinne eingefahren hat, Selbstbetrug verübt hat. Ich plädiere vielmehr immer dafür, dass wir zuerst uns selbst entwickeln, dabei auf unser Herz hören, und dann daraus idealerweise Reichtum entstehen lassen. Was aber immer schlecht ist und Selbstverlust und Selbstbetrug gleichkommt, wenn das Ziel „Geld" und „Macht" und „Gewinn" ist, ohne die eigene Persönlichkeit entwickelt zu haben. Wir leben in einer Zeit, wo immer mehr Konformismus[1] vorherrschend zu sein scheint. Gerade in einer Welt, die Vielfalt und Buntheit in ihren Marketing-Aussagen hat, scheint es doch sehr viele Widersprüche zu geben. Ich sehe hier vor allem die fehlende Meinungsfreiheit, die bei denjenigen eingeschränkt wird, die besonders kritisch sind einem System gegenüber, das besonders Konformismus einfordert. Das aktuelle Buch von Precht[2] zeigt sehr ausführlich, wie dies in einem großen Stil passieren kann. Medienmacht zwingt zu Anpassung und Konformismus: „(...)Und sie bilden die ganz eigenen Echokammern einer Szene ab, die stets darauf blickt, was der jeweils andere gerade sagt oder schreibt, ängstlich darauf bedacht, bloß davon nicht abzuweichen. Diese Angst ist der bestmögliche Dünger für den Zerfall der Gesellschaft." Aufs eigene Herz zu hören, macht daher Sinn.

Johari-Fenster

[Entwicklung + Authentizität]

Wer sich selbst weiterentwickeln konnte, wird sich zunehmend in Selbstreflexion üben können. Doch diese Erkenntnis funktioniert nur, wenn wir uns stellen. Unserer Geschichte und unserer Realität. Wer sich stellt, braucht keine Ausreden, keine Illusionen und keinen Ersatz in Form von Konsum, Zuviel oder Sucht. Eine böse Hexe jedenfalls wie bei Hänsel und Gretel, die heute in vielfältigen Formen erscheint, kann durch ihre manipulative Sogwirkung jedenfalls keinen Einfluss nehmen. Das Lebkuchenhaus hat keine Anziehungskraft, wenn transformatorische Prozesse und Authentizität stattfinden konnten.[1] So geschehen, können Abhängigkeiten aufgegeben und eigenes Leben aufgebaut werden. Glückskinds Schatzkiste hat keinen Schlüssel! Wenn wir lernen, unsere Schatzkiste zu entwickeln, erkennen wir uns so, wie wir wirklich sind: authentisch. Es gibt keinerlei Rezept und somit keinen Schlüssel für diese Schatzkiste. Das Geheimrezept ist Mut, sich zu entwickeln. Anstatt in der eigenen Schatzkiste zu wühlen und nachzuforschen, wo unsere verborgenen Schätze sich befinden, verbringen wir viel zu viel Zeit im Betrachten der anderen. Und im Vergleichen mit Anderen. Das geht schon beim Fernsehen los. Jeden Abend diese Sendungen, die Glamour und Erfolg zeigen und einen immer wieder dazu bringen, sich nicht gut genug oder erfolgreich genug zu fühlen. Das sogenannte Johari-Fenster beschreibt unsere persönliche Weiterentwicklung und was von unserem Inneren noch nicht zum Vorschein gekommen ist[2]. Darin beschrieben wird die sogenannte Arena, das ist der Bereich unserer Authentizität. Also der Bereich, wo wir uns selbst so wahrnehmen wie unsere Umwelt auch uns wahrnimmt. In der Arena liegt also Übereinstimmung zwischen Selbst- und Fremdwahrnehmung. Die anderen Bereiche sind all die Bereiche unserer Persönlichkeit, von denen wir entweder selbst nichts wissen oder wahrnehmen, aber zum Teil die anderen, oder aber es ist der Teil, wo sowohl Sie selbst als auch die andere keinerlei Wahrnehmung und Zugang dazu haben. Genau dieses Ihnen und den Anderen unbekannte Feld ist die Schatzkiste: darunter liegt das Potenzial. Die Topics 'Vergangenheitsbewältigung' und 'Selbstverlust' sind hier im Zusammenhang zu sehen.

Potenzial

[Entwicklung + Authentizität]

Um Potenzial zu entwickeln, benötigt es als Kind Unterstützung. Später im Erwachsenenleben braucht es unsere eigene Entscheidung dafür. Wenn wir uns mit dem Johari-Fenster beschäftigen, können wir besser verstehen, warum Potenzialentwicklung entweder funktioniert oder nicht funktioniert. Das eigene Potenzial zu entdecken ist einerseits eine Reise in die Unterwelt, eine Reise zur eigenen Seele, zum eigenen Unbewussten, und es ist die Erkundung der eigenen Lebensaufgabe, des Sinns des eigenen Lebens, der eigenen Vision."[1] Natur ist ein gutes Mittel, sich selbst zu erfahren und zu entdecken. Wer es mit der Natur noch nicht so kann, der kann sich auch durch viele andere Möglichkeiten selbst erfahren. Ziel ist, wenn man zur eigenen Natur gelangen mag, sich selbst zu entdecken und dabei sukzessive den eigenen Schatz zu heben. Dabei wird immer mehr die eigene „Arena", also das, was im Johari-Fenster das öffentliche Selbst umschrieben wird, immer mehr zu erweitern: das, was wir selbst noch nicht wussten über uns, aufzuspüren. Denn genau dahinter liegt IHR POTENZIAL.[2] Geben Sie sich die Zeit, die Sie brauchen. Und spüren Sie, wie Sie fühlen. Jeder Schritt, und sei er noch so klein, ist eine Entdeckung Ihres verborgenen Schatzes und Ihres unentdeckten Potenzials. Tun Sie immer nur so viel, wie Ihnen entspricht und wie es sich gut anfühlt. Alles andere kommt dann von allein.

Es ist sehr gut möglich, dem Ruf des eigenen Herzens zu folgen und auf die innere Stimme zu hören: Wenn Sie keinen Zugang mehr zu Ihrer inneren Stimme haben, dann fragen Sie sich, was Sie als Kind oder Jugendliche gerne gemacht haben, was Ihnen also Ihre Augen hat leuchten lassen. Als Kinder haben wir noch den intuitiven Zugang zu unserem Potenzial und dem, was in uns angelegt ist. Es muss nicht zwingend eine echte Begabung sein, sondern es gilt, den eigenen Interessen und Stärken zu folgen und diese dann auch zu trainieren. Das ist Potenzialentwicklung im eigentlichen Sinn. Man muss weder teure Seminare noch Selbsterfahrungsgruppen besucht haben, um das eigene Potenzial zu entdecken. Es reicht aus, den Mut zu haben, auf die Entdeckungsreise zur eigenen Schatzkiste zu gehen, auch in Unternehmen.

Das systAV-Prinzip

[Altersvorsorge + systemische Zusammenhänge]

Das systemische Altersvorsorge-Prinzip (systAV-Prinzip) habe ich in den letzten 15 Jahren meiner Tätigkeit aufgrund vieler Beratungsgespräche, Erfahrungen und neuester wissenschaftlicher Erkenntnisse entwickelt. Es ist somit zur Gestaltung nicht nur von Altersvorsorge, sondern auch von Lebens-Zeit (Life Time) und deren Abschnitten (Phases of Life) gedacht. Es beruht auf der Annahme, dass jeder Lebensabschnitt, jede Familie, jede Position in einem System (der Einzelne, die Familie, das Unternehmen, die Gesellschaft, die Natur/das Universum) Einfluss auf unser Leben und damit auf dessen Gestaltung, auch im Hinblick auf Altersvorsorge, hat. Dieser Einfluss bestimmt in der Folge viele Faktoren: Berufswahl, Persönlichkeit, Umsatz/Einkommen, Gesundheit, Beziehung zu Anderen/zu sich selbst. Dies wiederum nimmt Einfluss auf langfristige Entscheidungen, wie beispielsweise die Altersvorsorge. Die landläufige Meinung, dass Altersvorsorge nur durch ein Ansparprinzip in herkömmliche Renten- oder Versicherungs-Systeme funktioniert, vertrete ich nicht. Es bleibt Bestandteil konservativer Altersvorsorge, aber eben nur Bestandteil. Altersvorsorge ist neu zu denken. Altersvorsorge der Zukunft wird darauf abzielen müssen, länger, das heißt, über den typischen Rentenbeginn hinaus, gedacht zu werden. Durch zunehmende Versorgungslücken wird es für viele zu einem über den Renteneintritt hinaus gehende Berufstätigkeit geben. Was für die Einen ein Muss ist, ist für die Anderen freiwillig im Sinne von lebenslanger Persönlichkeitsentwicklung. Beide Situationen benötigen Wissen und Gesundheit. Gesundheit im Sinne eines präventiven Ansatzes. In unserer westlichen Medizin (im Gegensatz zur traditionell chinesischen Medizin) wird eher der eingetretene Krankheitsfall behandelt. In unserer westlichen Welt (im Gegensatz zum Daoismus oder alten asiatischen Prinzipien) wird in Arbeitszeit und Rentenzeit unterschieden. Der westliche Ansatz berücksichtigt weder unsere Lebensprinzipien noch systemische Zusammenhänge, indem wir die Verantwortung für unser Leben als Verwaltung anstatt Gestaltung betrachten. Neu gedachte Altersvorsorge benötigt Zeit für Entwicklung und entsprechende Strategien.

Altersvorsorge 1

[systAV-Altersvorsorge + Gesundheits-Entwicklung]

Das systAV-Prinzip geht daher auf folgende Bedingungen ein:

- Jede Lebensabschnitts-Phase (Phase of Life) wird individuell gestaltet. Anstatt dass alle im selben Lebens- und Arbeitszeit-Modus leben und arbeiten, können unterschiedliche systemische Bedürfnisse in den einzelnen Lebensphasen gestaltet werden. Um Lebensabschnitte zu gestalten, bedarf es einen Abschied von Zeitmanagement und anstatt dessen eines Trainings der Reduktionsintelligenz und Abgrenzungskompetenz (auch in ökonomischen Themen)
- Arbeit, die Erfüllung bringt, anstatt Dauerfunktionieren oder Dauerstress, kann auch persönliche Entwicklung und Zufriedenheit darstellen
- Arbeit und sinnvolle Beschäftigung hat nichts mit reiner Berufstätigkeit zu tun: sie ist Grundlage für unsere Neurogenese, in enger Verbindung mit Bewegung, gesunder Ernährung und guten Bindungen. Sie wird auch in Bezug auf Langlebigkeit relevant.
- Alt wird man, wenn man mit Aktivität aufhört. Aktivität aufzuhören, beginnt bei den einen schon ganz früh, und bei den anderen, wie beispielsweise bei Queen Elizabeth II., hört sie erst einen Tag vor dem eigenen Tod auf. Alter wird unter den Gesichtspunkten der Telomer-Forschung auch hinsichtlich Arbeit/Aktivitäten, Zufriedenheit, finanzieller Absicherung und guten Bindungen zufriedenstellen verlaufen
- Dauerstress führt zu einer schlechten Telomerase, und damit einer Verkürzung der sogenannten Gesundheitsspanne. Wann diese Gesundheitsspanne beginnt, hängt von der Lebensgestaltung ab (Life Design, Lifetime Design)
- Stress und Krisenbewältigung sind besser mit Resilienz möglich
- Prävention im Sinne einer strategisch ausgerichteten Resilienz und Gesundheitsvorsorge, die alltagstauglich einsetzbar ist, ist daher der erste Schritt von Altersvorsorge. Geld wird der nächste Schritt sein, um Altersvorsorge zu ermöglichen.

Altersvorsorge 2

[systAV-Altersvorsorge + Familien-Entwicklung]

Das systAV-Prinzip geht daher auf weitere folgende Bedingungen ein:

- Systemische Altersvorsorge nenne ich die Altersvorsorge, die aus (familien-)systemischer Sicht heraus gestaltet wird. Wo Epigenetik und transgenerationale Traumatisierung eine hervorgehobene Rolle spielen, ist Altersvorsorge und damit Existenzsicherung erst einmal schwer möglich. Hier gilt es, zunächst systemisch zu Klarheit zu kommen, um dann in finanzieller Hinsicht vorzusorgen. Eine damit verbundene lebensphasenbezogene Altersvorsorge wird da oft erst möglich durch späteres Für-sich-selbst-sorgen-Können, beispielsweise mit 50+, wenn systemische Zusammenhänge gelöst sind.
- Lebenslanges Arbeiten (Lifelong Work) kann nicht nur bei systemischer Altersvorsorge eine Chance darstellen - richtig gestaltet durch unterschiedliche Gestaltung der einzelnen Lebensabschnitte kann sie für alle ein neues Prinzip von Lebensgestaltung darstellen (Lifetime Management)
- In jedem System gibt es unterschiedliche Zusammenhänge. Systeme sind Familie, Vereine, Unternehmen, Gesellschaft, Welt, Universum. Je nach epigenetischer Grundlage, also dem, was wir von unserem Familiensystem vererbt bekamen, sind wir unterschiedlich in der Lage, für uns selbst zu sorgen. Je nach Förderung, Forderung, Weiterentwicklung und Bildungsgrad können wir dies gestalten. Um systemische Zusammenhänge zu berücksichtigen, benötigen wir ein Denken in Lebensphasen. Arbeiten und Finanzielle Reserven zurücklegen, mit Erbe systemisch umgehen lernen, früh/spät für sich sorgen lernen usw. – Dies in der jeweiligen Lebensphase dann auch zu berechnen, ist die Thematik hinter der systAV: rechnen können, wieviel zurückzulegen ist, wenn zum Zeitpunkt des Bedarfs X ein Betrag in Höhe von Y benötigt wird unter Zugrundelegung von Rendite, Inflation, Kosten, Kapitalverzehr ja/nein usw.
- Rechnen können finanzmathematisch ist dann der nächste Schritt.

Altersvorsorge ist dann ganzheitlich, wenn sie unser Leben einbezieht. Jede Lebensphase ist daher unterschiedlich zu berücksichtigen.

Altersvorsorge 3

[systAV-Altersvorsorge + Rechen-Zusammenhänge]

Hinzu kommt Wissen und Transparenz in Geld- und Altersvorsorge-Themen, um Selbstwirksamkeit zu erzielen:

- Wieviel Kapital benötige ich im Alter ab einem Zeitpunkt x, um meinen Lebensstandard beizubehalten?
- Wieviel ist noch anzusparen, um eine vorhandene Lücke zu füllen?
- Wenn diese Lücke nicht gut schließbar ist, wieviel an Lebensstandard-Reduktion macht das aus?
- Wie könnte ein reduktiver Lebensstil ausschauen, der dennoch höchste Lebensqualität bringt?
- Wenn ich erst spät zu sparen beginne, wieviel benötige ich dann monatlich in beispielsweise einen guten Mischfonds-Sparplan oder anderen Anlagen? Wie wirken sich Sabbaticals und Pausen aus?
- Welche intelligenten Einkommens-Modelle gibt es zur Generierung sogenannten passiven Einkommens und wie setze ich mein Potenzial dabei sinnvoll ein?
- Wie macht sich Inflation rechnerisch auf mein Einkommen und meine Geldanlage bemerkbar?
- Welche Formen der Geldanlage und Altersvorsorgen gibt es?
- Wieviel kostet ein Produkt in der Geldanlage und Altersvorsorge, wieviel kostet eine Baufinanzierung?

Wenn wir lernen, mit entsprechenden Apps[1], die es schon sehr preiswert gibt für Smartphone oder Desktop, auch finanzmathematisch zu rechnen, können wir uns, anstatt zu verzagen, wenn wir vielleicht eher spät mit der Altersvorsorge zu beginnen, einen konkreten persönlichen Finanzplan erstellen. Es ist immer sinnvoll, rechnen zu können, zu durchschauen, warum so manches Rentenversicherungsprodukt eher ein Draufzahlgeschäft anstelle einer sinnvollen Investition in die Zukunft ist. Wer sich mit Aktien, ETFs und Investmentfonds beschäftigt, wird sein Wissen für die eigene Geldanlage und Altersvorsorge sinnvoll einsetzen und nutzen können. In einer neuen Form der Altersvorsorge wird in Lebensphasen gedacht und geplant und die Zielsetzung für individuell definierte Zeitpunkte im Alter berechnet.

Entwicklung

PHÄNOMEN 3

ENTWICKLUNG

Entwicklung ist die Grundlage der Evolution. Je schneller Veränderung geschieht, umso mehr Zeit für Entwicklung benötigen die Menschen. Dieser Paradigmenwechsel erst ermöglicht die erforderliche Flexibilität und Innovationskraft in der Anpassung an diese Veränderung.

1+4=ONE

[Lernstationen für Entwicklung + Mensch-Sein]

Entwicklung ist etwas vollkommen Selbstverständliches. Sollte man meinen. Doch wir verharren, vereinfacht ausgedrückt, in all unseren Schul- und Bildungseinrichtungen immer noch im Sender-Empfänger-Modus: einer spricht, alle anderen hören zu und akzeptieren, anstatt selbst zu recherchieren und daraus etwas zu machen. Wenn wir jedoch einer natürlichen Abfolge des Lernens folgen, sind wir Evolution und damit eigentlicher Entwicklung und Anpassung an Veränderungsprozesse viel näher. Meine Formel für Entwicklung ist als Modell für Lernstationen gedacht, die zuerst einmal mit Entdecken zu tun haben und dann ins Entwickeln und Lernen übergehen. Dies konditioniert im Zeitalter schneller Veränderungen und adaptiv-situativer Anpassungsprozesse eine Lernform, die das zunehmende Erfordernis, schnell switchen und entwickeln zu müssen und sinnvollen Output zu liefern, besser gerecht wird. Voraussetzung ist, die 4 Phasen von Entwicklung einzuhalten und davor einen EXPLORER-Schritt vorzuschalten: in Schritt 1 zu forschen & herauszufinden (EXPLORE), in den Entwicklungs- oder Lernstationen (Satellite Points oder ‚Areas' genannt) auch die Sinne einzusetzen und gezielt zu trainieren, dann erst die Kognition einzuschalten und danach ein Ergebnis zu entwickeln. Deshalb werden die Satellite Points auch mit den jeweiligen Schwerpunkten #FEEL #WATCH #READ #DEVELOP benannt – und dies sind dann die eigentlichen 4 Schritte für Entwicklung. Ein kleines Forschungs- und Entwicklungs-Zentrum innerhalb der 'Schatzkiste Mitarbeiter' kann so auch entstehen. Zwischen einzelnen Satellite Points können Querverbindungen und Interdependenzen entstehen. Aus den Ergebnissen erfolgt die Essenz = ONE, die benötigt wird für Innovations- und Entwicklungsprojekte. Stationen 1 +4 sind zwingend einzuhalten, um einen evolutionären Prozess einzuhalten, der Be-Greifen und Fühlen VOR die Kognition und Planung setzt. Das Ergebnis erzeugt Essenz = ONE. Die vier Phasen der Entwicklung sind wie Trimm-Dich-Pfad-Stationen gedacht, eine Kurzübersicht[1] ist im Anhang beschrieben.

Bildung

[Wissen + Zugang]

Zu Entwicklung gehört Bildung. Während in Deutschland jeder Achte Analphabet ist, so ist das reiche Deutschland mit einem zu hohen Anteil seiner Bevölkerung arm: bildungsarm. "Rund 10 Prozent der 18- bis 24-Jährigen hatten 2020 in Deutschland nur die Sekundarstufe I durchlaufen und keine weitere allgemeine oder berufliche Bildung erfahren. Damit gelten sie nach offizieller Definition als bildungsarm. Deutschland steht mit dieser Quote deutlich schlechter da als andere europäische Staaten wie Kroatien (2,2 Prozent), Griechenland (3,8) oder Irland (5,0). Es tut also Not, dass die Bundesrepublik analysiert, wie sie die Bildungsarmut reduzieren kann. Schließlich braucht das Land qualifizierten Nachwuchs mehr denn je. Auch mit Blick auf die Sprachkompetenz liegt einiges im Argen – über alle Generationen hinweg (Grafik[1]): Laut Studie der Uni Hamburg waren im Jahr 2018 in Deutschland rund 12 Prozent der erwerbsfähigen Menschen Analphabeten, also 6,2 Millionen."[2] Insgesamt steht es mit dem Thema Bildung in Deutschland nicht wirklich gut. Wo selbst in den Schulen und Universitäten oft noch veraltete Inhalte vermittelt werden, was die späteren Bedarfe in Unternehmen hinsichtlich technischer, kreativer, flexibler und digitaler Fertigkeiten betrifft." Zudem offenbart der neueste Bildungsmonitor des Instituts der deutschen Wirtschaft, dass" der Staat in jüngerer Vergangenheit zwar mehr Geld in die Schulen gesteckt hat, unter anderem um die Förderinfrastruktur zu verbessern – auf die Schulqualität hat sich das aber nicht positiv ausgewirkt".[3] Dies lässt gleich mehrere Fragen offen: lernen wir mit falschen, nicht mehr funktionierenden Methoden und kommen wir dem Wandel entsprechend nicht mehr in der Geschwindigkeit der Umsetzung hinterher? Immer mehr junge Menschen in Deutschland machen Abitur, um danach zu studieren. Und das, "obwohl das hiesige duale Ausbildungssystem Weltruhm genießt, als Blaupause für andere Länder dient und man mit dem richtigen Ausbildungsjob teils deutlich besser verdienen kann als mit einem akademischen Abschluss – im Maschinenbau beispielsweise oder in der Luftfahrttechnik." [4].

Purpose & Motivation

[Sinnhaftigkeit + gesellschaftlicher Antrieb]

Purpose ist in aller Munde. Doch was bedeutet das in meinem Kontext, dass wir das Unmögliche möglich machen müssen, wenn wir in einer neuen Ära den Herausforderungen tatsächlich gerecht werden wollen? [1] Wir sollten uns nicht nur im Kontext mit HR[2], wo dieser Begriff einen wesentlichen Bereich einnimmt in der Gestaltung von New Work, näher damit befassen. Wenn wir unsere Zukunft tatsächlich in einem Umfang gestalten wollen, der alle Menschen umfasst und einbezieht, bleibt es nicht aus, den Begriff ‚Purpose' auch in einem gesamtgesellschaftlichen Kontext anzuwenden. Menschen wollen einen Sinn und einen Zweck in ihren Dingen erkennen und zu dem stehen können. Mit unserer deutschen Geschichte hadern viele nach wie vor zurecht, da sie auch nicht wirklich aufgearbeitet ist. Ich habe hier im Buch einiges dazu geschrieben und die Zusammenhänge benannt, die erst einmal bearbeitet werden müssten: Transgenerationale Traumatisierung durch Kriege und epigenetische Belastung sonstiger Art machen etwas mit unserer Gesellschaft bis hin zur Zerstörung, so wie es üblich ist in traumatisierten Zuständen einer traumatisierten Person und insgesamt in einer traumatisierten Gesellschaft, wie wir es sind. Ob wir hinschauen wollen oder nicht (Stichwort: Johari Fenster oder Rosa Decke), wir müssen hinschauen, um die Zukunft wirklich gut gestalten zu können. Deshalb gilt es, einen Purpose nicht nur in Unternehmen zu benennen, sondern auch als Gesellschaft. Wenn wir den Zusammenhang kurz noch einmal im Zusammenhang mit Unternehmen sehen wollen, dann geht es hier darum, dass ein Unternehmenszweck, der Sinn macht und gelebt wird, sich positiv auswirkt. Nehmen wir diese Erkenntnis auf in Bezug auf uns als Gesellschaft, wäre jetzt eine Diskussion wichtig, einen gesellschaftlichen Purpose zu entwickeln. Wofür stehen wir? Was wollen wir erzielen als Gemeinschaft? Was wollen wir bezwecken mit unserem Dasein und unserem Wirken als Bürgerinnen und Bürger?

Nicht nur die Erbengeneration wird, was das Thema Beruf, Berufung und Arbeit ganz speziell motiviert werden müssen. Wir benötigen einen Purpose, der uns als Gemeinschaft etwas bewegen lässt, das vielleicht nahezu unmöglich erscheint, das aber möglich gemacht werden sollte.

Arbeiterlosigkeit

[Arbeitsplätze + Fachkräfte-MANGEL]

Seit langem bekannt ist die Tatsache, dass unsere Bevölkerung überaltert ist, aus Sicht bisheriger Beschäftigungspolitik. Die sogenannte relevante Bevölkerungsgruppe der über 60-jährigen geht nun in Rente. Diese Generation, auch Babyboomer genannt, hatte es in den letzten Jahren ermöglicht, dass zumindest in der Form wie heute keine Arbeiterlosigkeit bestand. Es gab unter Bewerbungen immer genügend Auswahl. In den Jahren 2019 bis 2021 wurden in Deutschland im Durchschnitt 350.000 Fachkräfte gesucht. Allein in 2022 fehlten 320.000 MINT-Kräfte und 25.000 Menschen nur, um die Alterslücke zu schließen. Der Informationsdienst des Instituts der deutschen Wirtschaft (idw)[1] bringt es dabei auf den Punkt: Der Arbeits- und Fachkräftemangel ist mittlerweile allgegenwärtig. "Die aktuellen Schlagzeilen zu gestrichenen Flügen, geschlossenen Hotels und Restaurants, abgesagten Festivals und brachliegenden Baustellen zeigen eindrücklich, dass die Politik dringend etwas tun muss." Es liegen mehrere "Baustellen" brach, die ebenso langjährig bekannt sind und sich nun zeigen. Die Bevölkerungs-Vorausberechnung des Statistischen Bundesamts lässt schon lange keinen Zweifel daran aufkommen, wie gravierend die demografischen Herausforderungen sind (Grafik [2]): bereits 2025 wird die Altersverteilung der deutschen Bevölkerung weit von der klassischen Pyramidenform entfernt sein: die meisten Einwohnerinnen und Einwohner haben dann gerade das Rentenalter erreicht oder stehen kurz davor. Die Folgen sind nun überall sichtbar. Ob das die aktuellen Schlagzeilen langer Warteschlangen an den Flughäfen oder geschlossener Gastronomien oder langer Wartezeiten im Handwerksbereich sind, so ist offensichtlich, dass die lang bekannten Folgen des demografischen Wandels in Deutschland bis nie gelöst wurden. Die Politik ist in ihrer Legislaturperiode-Denkweise viele langfristigen Projekte nie wirklich angegangen. Die Arbeiterlosigkeit hat somit Einfluss auf alle Bereiche der Gesellschaft. Dies ist ein Entwicklungsthema auf allen Ebenen: nicht nur Arbeitslose, Ältere integrieren, sondern lebenslanges Lernen vom Prinzip 'Multi-Potenzial-Training'[3] von Anfang an wird erforderlich werden.

Was braucht Ihr?

[Fachkräfte + Employee Experiencel]

Im Prinzip ist es einfach, Mitarbeiter zu binden. Eine starke Arbeitgeber-Marke etabliert sich durch eine starke interne Kommunikation mit den Angestellten und Freelancern, indem man deren Bedürfnisse, Wünsche und Entwicklungen kennt:

- sie zu fragen, was sie brauchen (NEEDS),
- sie zu fragen, was sie sich wünschen (WISHES), und
- sie zu fragen, was sie erreichen wllen in ihrer eigenen Weiterenwicklung im Unternehmen (DEVELOPMENT).

Dies erkundet Needs, Wishes, Development, die ich als 60EX HR-Bedarfspyramide bezeichne. Die Weiterentwicklung von Mitarbeitern und damit auch die Anforderungen im Skills-Bereich müssen über die "technischen Fertigkeiten" hinaus ausgerichtet werden: Empathie, Innovationsfähigkeit, Kreativität, Co-Creation und viele andere, die ich hier nicht aufführe. Diese FutureSkills (oft auch SoftSkills genannt) sind ernst zu nehmen, denn sie sind die "hard skills" der Zukunft, zu trainieren, im Unternehmen anzubieten und nach Außen zu kommunizieren, wird Alleinstellung bewirken. Junge Menschen, und auch ältere Mitarbeiter wissen, dass sie Weiterentwicklung brauchen. Unternehmen sollten daher diese Fähigkeiten als FutureSkills definieren, über sie sprechen, sie entsprechend auch belohnen und die Learning Stations dafür kontinuierlich weiterentwickeln. Gehälter sind genauso wichtig, sowie die Möglichkeit, lebensphasen-bezogene Arbeitszeiten anzubieten. Und darüber sprechen und sprechen lassen. Mit dieser 3er Pyramide, die ich angelehnt aus der Maslowschen Bedürfnispyramide entwickelt habe, geht es um die heute wichtigsten Themen:

Grundbedürfnisse befriedigen (Geld, um das eigene Leben/Existenz zu finanzieren, dazu gehören Wohnen als dringliche Bedürfnisse). Die Wünsche berücksichtigen, die individuell sind bei den Mitarbeitern, aber fragen muss man sie schon! Die Learning & Development-Erwartungen, die einen im Unternehmen durch gezielte Förderung weiterbringen..

Die Zielgruppen müssen bei NEEDS, WISHES und DEVELOPMENT unterschiedlich betrachtet werden: die Erbengeneration tickt anders als andere, die sich keine Immobilie finanzieren können und solchen, die in den Hartz-IV-Konditionierungen ihrer Eltern geprägt aufwuchsen.

Employee Experience

[Mitarbeitergewinnung + positive Erfahrungen]

Mitarbeitergewinnung - mein Thema. Ein Thema mit Brisanz.
Ein Thema, das fast alle Unternehmen beschäftigt, mehr oder weniger.
Um es hier und heute ganz kurz auf einen Nenner zu bringen: Ohne Innovationskultur wird das nichts. Denn gerade bei diesem Thema der Mitarbeitergewinnung, bei dem nichts mehr funktioniert wie bisher, braucht es Einfallsreichtum, Offenheit für Neues, Flexibilität und Kooperation. Allesamt Grundlagen von Gestaltung einer Kultur, aus der Innovation erwächst. Aus dieser Kultur entstehen neue Konzepte, Rahmenbedingungen und Perspektiven. Employee Experience ist eine Auswirkung davon: gute Rahmenbedingungen, wo Menschen bleiben.
Innovation und Innovationskultur sind entwickelbar. Ich vergleiche Innovationskultur gerne mit einem Baum und dem Wurzelwerk des Baumes:

- Wachstum braucht Zeit und die entsprechenden Phasen dafür, so wie es Phasen der Ruhe braucht - hier wird die Energie für Neues geschaffen
- Innovationskultur benötigt Hege und Pflege. Unter Druck, Desinteresse, Behäbigkeit und Engstirnigkeit entwickelt sich kein Baum und erst recht keine Innovationskultur
- Innovationskultur braucht Power für Wachstum und Geschwindigkeit nach Erholungsphasen. Das bedeutet auch, dass Mitarbeiter ALLER Generationen gefordert werden, auch die GenZ, die von manchen Arbeitgebern geradezu gepimpert werden, nur damit sie bleiben. Doch Pimpern wird keinem gerecht und insbesondere tut man damit niemand einen Gefallen. Es muss allen klar sein, Zukunft funktioniert nur im Tun, in laufender Weiterentwicklung sowie mit Anstrengungen. Die 4-Stunden-Woche à la Tim Ferries ist in ihrer Illusion die falsche Richtung, wenn auch tolle Inspiration aus ihr kommen
- Auch wenn Mitarbeitermangel herrscht: es muss allen Beteiligten klar gemacht werden, dass es um die Zukunft geht. Fördern und Fordern gehören dazu.

Mitarbeitergewinnung ist ohne Innovationskultur nicht mehr machbar. Denn wer soll die Einfälle für die Rahmenbedingungen bringen?

Medienkompetenz

[Digitale Medien + Prävention]

Je mehr die Welt digital organisiert ist, umso mehr benötigen wir Medienkompetenz. Zeit für die Entwicklung von Medienkompetenz sollten wir allerdings erst beginnen zu investieren, wenn unsere grundlegenden Fähigkeiten entwickelt wurden: Arbeiten mit allen Sinnen, dazu gehören auch Handschrift, Bewegung, Fühlen und vieles mehr. Digitales Lernen an erste Stelle zu setzen, halte ich wegen der Evolution des Menschen für vollkommen falsch, da unser Gehirn nicht digital tickt. Bevor wir also nicht lernen, wie der Mensch 'tickt', sollten wir uns nicht an Digitalkompetenz-Entwicklung bereits im Kindergartenalter wagen. Jedoch muss nach der grundlegenden Entwicklung als Kind die Medienkompetenz erworben werden. Dabei sollte zuallererst die Gefahrensituation, die über die Digitalen Medien und übers Internet ausgehen, aufgeklärt und beispielhaft erklärt und angewandt werden. Da es es noch nie so einfach wie im digitalen Zeitalter war, die Identität zu verschleiern, ist es umso wichtiger, das Thema Bindung, Identität und Kommunikation im Digitalen Zeitalter kindgerecht, später jugend- und erwachsenengerecht zu lehren.

Wir können heute per Fingerdruck auf unserem Smartphone mit einer entsprechenden App unsere gesamte Identität verändern und so verschleiern. Jeder kann heute eine andere Person, eine Frau, egal ob jung oder alt, oder ein Mann sein. Das geht mit Apps ganz einfach.

Österreich hat jetzt auf solche Herausforderungen reagiert in dem sie das verpflichtende Fach "digitale Grundbildung" eingeführt haben. In Deutschland lässt das noch auf sich warten. Wenn hier etwas getan wird, sollte das ein sehr grundlegendes, flächendeckendes und vertiefendes Unterrichtsfach von Anfang an sein mit entsprechend digital fitten Pädagogen oder Spezialisten. Unsere gesamte zukünftige Entwicklung in Gesellschaft und Wirtschaft hängt davon ab, denn einmal in den Brunnen gefallen und an Fake-Bezugspersonen geraten, kommen Kinder und Jugendliche schnell in Gefahr. Kinder und Minderjährige können wir nur schützen, wenn wir diese gleichzeitig über die digitalen Risiken aufklären und ihnen Begegnungsstrategien vermitteln.

Co-Entrepreneurship

[Unternehmerisches Denken + Verantwortungsökonomie]

Unternehmen stehen heute vor großen Herausforderungen, deren Lösungen noch nicht vollumfänglich überschaubar sind. Die Mitarbeiterlosigkeit führt dazu, dass Ressourcen nun unter vollkommen neuen Kriterien bewertet und berücksichtigt werden müssen. Dann führen unterschiedliche Verhaltensmuster bei Bewerbern dazu, dass nicht mehr grundsätzlich von einem Comittment ausgegangen werden kann, wenn eine Zusage auf eine Stelle erfolgte. Der Trend, dass Mitarbeiter ganz schnell wieder kündigen und zu verschwinden aus dem Unternehmen, nimmt aktuell zu. In der Ära nach uns Babyboomern ist das möglich. Doch diese Bindungslosigkeit an Unternehmen heute ist nicht allein erklärbar dadurch, dass es eben mehr Chancen gibt. Ich habe da eine eigene Auffassung und Meinung dazu. Motivation ist bisher in extrinsische und intrinsische Motivation[1] unterteilt, das wird auch sicherlich nicht veränderbar sein. Doch die Motivation, in Arbeitsverhältnisse zu gehen, wird zukünftig weitaus differenzierter betrachten zu sein. Warum? Die Erbengeneration[2] rollt an, und das in einem Ausmaß, die völlig neue Motivations-Argumente aufkommen lässt: denn wer erbt oder Erbe in Aussicht hat[3], wird viel weniger wegen Existenzsicherung einen Arbeitsplatz aufsuchen und Comittment nicht mehr als zwingender Bestandteil eines Arbeitsvertrages sehen. Jeder der mich kennt, weiß, dass ich seit langem für ‚Hybride Selbständigkeit' stehe. Jeder Solopreneur heute steht vor katastrophalen Dimensionen des Change, nicht nur durch die digitale Transformation. Die Fähigkeiten zu erwerben, die in allen Ebenen benötigt werden, sind zeitaufwendig und nehmen viel mehr Zeitressourcen in Anspruch als noch vor 15 Jahren. Allein mein Aufwand die letzten zehn Jahre gehen in mein persönliches Capability Training gerechnet in entgangenen Umsatz in Millionenhöhe. Nicht jeder kann und mag das. In Unternehmen können Hybrid-Solopreneure Potenzial einbringen, das manche Angestellte nicht haben. Solopreneure im Unternehmen bringen außergewöhnliche Motivation und unternehmerisches Denken mit und Co-Entrepreneurship ist so eine Möglichkeit, im Unternehmen eine neue Dynamik für Wachstum und Verantwortung zu entwickeln.

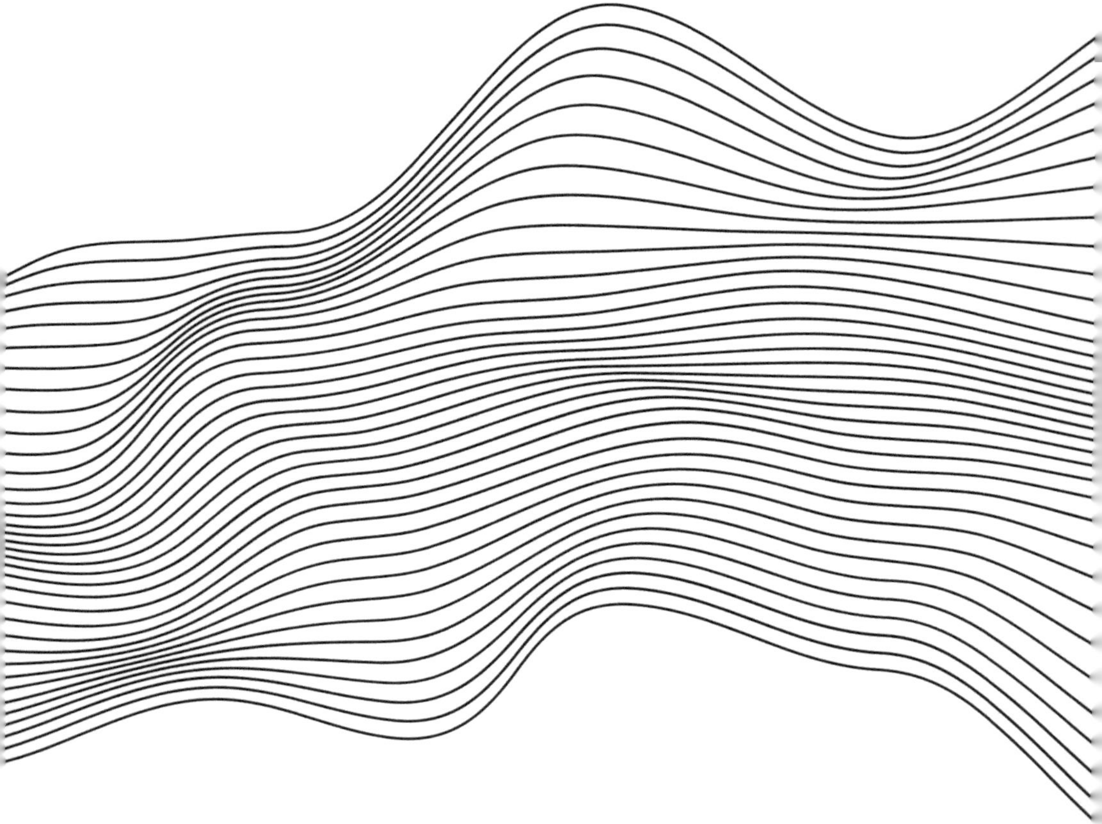

Co-Creation Flow

[Gemeinsam entwickeln + Lösungen finden]

Co-Creation halte ich für eine sehr zukunftsweisende Form der Gestaltung von Wissen, Produkten, Services und sonstigen prozessorientierten Vorgängen. Co-Creation wird unterschiedlich definiert, ich finde aber folgende Definition am passendsten, auch um sie dann zu transformieren und neu anzuwenden: „Der kollaborative Prozess der Schaffung neuer Werte zusammen mit externen Experten und Stakeholdern"[1]. Dieses Format gibt es also schon in unterschiedlichen Zusammenhängen. Es ist nicht zu verwechseln mit Kollaboration, was „Zusammenarbeiten" entspricht. Co-Creation ist äußerst wertvoll, da sie frische Ideen, neuen Perspektiven zu oft unerwarteten neuen Ergebnissen führen kann. Ergebnisse oder Lösungen könnten sein: Geschäftsmodell, Mitarbeitergewinnungs-Strategien, Produkt, Zweck, Service, Vision, User Experience, Customer Journey, Strategie Learning & Development. Der Vorteil ist, dass von außen unterschiedliche Menschen dazu geholt werden, um frische und andere Sichtweisen zu erhalten. Das können Experten, Mütter, Fußballprofis, Solopreneure, Pädagogen, Visionäre oder wie auch immer sein. Ein Beispiel für die Vorgehensweise: 4 Stunden Zeit vorgeben, 2 Core Teams, 4 externe Experten, 2 Nicht-Experten, nach meiner Entwicklungs-Formel 1+4=ONE vorgehen[2] (oder andere Kreativmethoden einsetzen (Upcycling Design Sensing[3], Design Thinking[4], Innovation Box[5]), Frame / Raum: kreativer Raum (wenn möglich), Tageslicht, auch: Natur-Raum, gutes Licht, frische Luft, gesunde Snacks, Raum zum Schreiben und für Break-out-Sessions. Mit dieser Form von kreativer und gemeinsamer Gestaltung von Ergebnissen sind viel effizienter und effektiver komplexe Themen lösbar. Anstatt wie üblich in Brainstormings oder Besprechungen, nur zu reden, wird hier der kreative Prozess durch Tun und Fühlen zusätzlich unterstützt. Durch diese Herangehensweise und durch die Verbindung, dass externe Leute mit ins Boot geholt werden, können blinde Flecken und eingefahrene Denkweisen zurückgelassen und so gemeinsame, frische Lösungen entwickelt werden.

Co-Learning Flow

[Gemeinsam lernen + weiterentwickeln]

Lebenslanges Lernen ist kein geflügeltes Wort, sondern knallharter Fakt. Ich lerne mittlerweile selbst regelmäßig in Co-Learning-Circles, um die Vorteile gemeinsamen Lernens zu nutzen. Co-Learning zielt auf den kollaborativen Aufbau von Wissen ab, bei dem Co-Lernende ihre sozialen Netzwerke erweitern, offenes Lernen mit kollektiver Forschung verbinden und kollaborative Produktionen oder Ergebnisse mitverfassen können. Der Vorteil liegt wie bei Co-Creation auf der Hand: jeder Teilnehmer eines Co-Learning-Circles bringt eigenes Wissen mit ein, die Gruppe gibt Sicherheit, Feedback, Unterstützung und hilft so jedem, sich weiterzuentwickeln und das eigene Wissen zu stärken. Ich möchte einen Vorschlag für die Transformation einer solchen Idee in unsere Gesellschaft machen: nehmen wir die vielen Arbeitslosen oder auf Grundsicherung angewiesenen Menschen, die noch arbeitsfähig sind. Anstatt die üblichen Bildungsformate der AZAV[1]-Einrichtungen, die für Arbeitslose nur zugelassen sind, könnten hier neue Formate, vielleicht sogar direkt in den Unternehmen, entwickelt werden. Gemeinschaftliches Lernen, das in Resonanz mit Arbeit geht. Wo Arbeitslose in Resonanz mit Arbeit kommen, also in Unternehmen direkt in Co-Learning-Circles integriert sind, wäre dies sicherlich hilfreicher als die vielen Angebote, die ich hier gesehen habe. Auch Upskilling, Re-Skilling und sonstige Weiterentwicklungen von Fähigkeiten von Mitarbeitern kann so mit einer neuen Form des Lernens besser geleistet werden. Ich übertrage Co-Creation als Format der Zusammenarbeit für das Modell des Co-Learning. Jedoch gibt es tolle bewährte Formate[2], die hier sehr gute Ergebnisse erzielen. Gemeinsames, offenes Lernen kann durch die sogenannte VUCA-Welt[3] des 21. Jahrhunderts voller Volatilität, Unsicherheit, Komplexität und Mehrdeutigkeit besser navigiert werden. Die Fähigkeiten Kreativität, komplexes Denken, kritisches Denken, fühlendes Denken und Kollaboration werden immer wichtiger. Methoden wie beispielsweise lernOS[4] helfen dabei, sich durch jede Aktion, durch jeden Lernstoff in Gemeinschaft weiterzuentwickeln.

Erbengeneration

[Reichtum + Erbe]

Wer ein Erbe in Aussicht hat, schaut zuversichtlicher in die Zukunft. Dies ist jedoch zugleich auch ein gesellschaftlicher Sprengstoff. Durch eine Nicht-Erben- und eine Erben-Generation befeuert dies die ohnehin schon bestehende Ungleichheit der Vermögensverteilung im Land. Die Entwicklung einer gesamten Gesellschaft hängt eben auch davon ab, wie hoch eine Erbengeneration erbt und was sie mit dem Vermögen macht. In Deutschland zeigt eine Prognose zur Anzahl der vererbten Immobilien (generationenübergreifende Übertragungen) allein nur im Zeitraum der Jahre von 2015 bis 2024 eine hohe Anzahl an Immobilien vererbt würde. Dabei wurden ohne die zwei Prozent der einkommensreichsten Haushalte gerechnet. Im untersuchten Zeitraum 2015 bis 2024 werden deutschlandweit schätzungsweise etwa 4,34 Millionen Immobilien generationenübergreifend vererbt. Darunter fallen rund 1,7 Millionen Einfamilienhäuser, die in Westdeutschland (ohne Berlin) an die nächste Generation vererbt werden[1]. Darüber hinaus haben die Erbschaften und Schenkungen seit 2002 bis 2022 um 20 Prozent[2] zugenommen, was mit dem Begriff Erbschaftswelle umschrieben wird, und durch die Nachkriegsgeneration ausgelöst ist. Die Erbschaftswelle wird sich immer mehr fortsetzen, wenn weiterhin dann auch die Generation der Babyboomer vererben wird. Ein wichtiger Fakt für die ungleiche Verteilung von Vermögen in Deutschland ist auch, dass laut einer Studie des DIW[3] in einem Zeitraum von 2002 bis 2017 zwar pro Jahr 134 Milliarden Euro vererbt oder geschenkt wurden, knapp 50 Prozent jedoch an die 10 Prozent mit den höchsten Beträgen zufließen, was so viel ausmacht wie die unteren 90 Prozent dieses Erbschafts- oder Schenkungsvolumen insgesamt erhalten. Ein weiteres Ungleichgewicht wird zwischen West- und Ostdeutschland festgestellt. Was das Volumen betrifft, geht das DIW davon aus, dass jährlich 400 Milliarden Euro vererbt oder verschenkt werden. Hinzu kommen die 144 Milliarden Euro steuerfreien Unternehmensübertragungen.[4] Im Sinne einer Verantwortungs-Ökonomie könnte anstelle staatlicher Umverteilung eine neue Ära beginnen, indem die neue Erbengeneration zukünftig Erbe auch als gesellschaftliches Verantwortungsprinzip für sozialen Frieden nutzt.

Off-Priming

[Komfortzonen + Fehlendes Ankurbeln]

Komfortzonen fehlt der Hunger. Um Missverständnissen vorzubeugen, definiere ich hier, was ich unter Komfortzonen verstehe. Das sind für mich die Bereiche in Beruf, Gesellschaft und Privatleben, die fast ausschließlich Zonen der Sicherheit und Risikofreiheit, Bequemlichkeit und Innovations- und Entwicklungsfreiheit darstellen. Das sind zudem für mich Bereiche, in denen keine Visionen und Zukunftsdenken herrschen, sondern Besitzstand und Status Quo als feststehende Attribute dominieren. Als wesentliches Tätigkeits-Merkmal gehört für mich das von mir so benannte Off-Priming. Was ist darunter zu verstehen? Priming ist in der Gehirnforschung der Vorgang, der entsteht, wenn wir Ziele haben und wenn wir diese umsetzen wollen. Priming ermöglicht uns die Bahnung von Gedanken, Visionen und Zielen durch motiviertes "Anfeuern", ähnlich wie beim Sport. Dieses Anfeuern bedeutet Aufmerksamkeitslenkung auf das, was zukünftig gewünscht ist. Es wird tatsächlich im Gehirn durch entsprechende dortige Vorgänge als "Anfeuern" gesteuert und führt so zur Fokussierung von Aufmerksamkeit für dieses Ziel, damit unser Unbewusstes Merkmale dieses angefeuerten Zieles im Außen wahrnimmt. So erreichen viele Menschen, Sportler, Unternehmer ihre Ziele, weil sie die Zusammenhänge kennen. Dies funktioniert nur, wenn die Motivation für ein Ziel vorhanden ist. Im Bereich der Komfortzonen fehlt dieses Priming. Besitzstand und Status Quo lieben das, was gerade ist. Ziele, die in der Zukunft liegen, kommen im Wesentlichen nicht vor. Deshalb beschreibe ich als wesentliches Tätigkeit-Merkmal das Fehlen von Priming, das Off-Priming. Wo weder selbst gewählte Ziele oder hohe Motivation für ein vorgegebenes Ziel vorhanden sind, kann Priming nicht stattfinden. Das Brisante dieses Off-Primings ist, dass es in sehr vielen Bereichen von Gesellschaft und Wirtschaft diese Komfortzonen gibt. Wenn wir aber den massiven Change und entsprechende Transformationserfordernisse bewältigen wollen, benötigen wir Strategien, die Komfortzonen in Verantwortung und Verbindung zu Zielen bringen. Die zukünftigen Herausforderungen sind immens und mit ständigen Komfortzonen schwer vereinbar.

Pooling

[Zentrales Potenzial + Pooling]

Die Entwicklung unterschiedlicher Lösungen ist immer häufiger notwendig. Wo gestern etwas funktioniert hat, ist es morgen aus unterschiedlichen Gründen hinfällig. Bei Mitarbeitergewinnung und -bindung sehe ich einen hohen Entwicklungsbedarf in Unternehmen, nicht nur beim Recruiting. Anstatt die Mitarbeitergewinnung durch einzelne Anbieter in Form von Portalen, Softwares und Anwendungen zu gestalten, wäre eine zentrale Lösung denkbar, die einer Art von Pooling entspricht. In anonymisierter Form, wo Menschen, die Arbeit suchen, sich eintragen können. Das wäre jetzt erst einmal nichts Besonderes. Was hier die Innovation sein könnte, ist die Möglichkeit, dass sowohl Unternehmen als auch Personalberatungsunternehmen, einzelne Personalberater und -vermittler in diesem Pool sich mit einem Beitrag anmelden können, um über dieses Pooling-Portal Bewerber zu finden oder vermitteln zu können. Meine Erfahrung in Personalvermittlung ist nicht so allumfassend. Das aber, was ich gesehen habe, reicht vollkommen aus, um zu beurteilen, dass es ein einziges Flickwerk unterschiedlicher Angebote gibt, die Recruiting-Lösungen darstellen. Will ich heute als Unternehmen jemanden nicht direkt einstellen, sondern vermittelt bekommen oder zu suchen, habe ich tausend Möglichkeiten, dies zu tun. Ob dies wirklich hilfreich ist, sollte jeder selbst beurteilen. Ich fände eine Lösung, ähnlich den Meta-Suchmaschinen von Jobportalen, eine einheitliche Pooling-Lösung, wo alle Unternehmen, die Interesse haben, darauf zurückgreifen können und Personal direkt und zielgerichtet finden. Genauso sollen Personalvermittler die Möglichkeit haben, hier gegen Provision, die der Bewerber in diesem Pooling-Verfahren zahlt, oder die Arbeitsagentur, wenn es sich um einen Arbeitssuchenden handelt, vermittelnd tätig zu werden. Diese Idee ist so umfangreich in ihren Lösungsansätzen, dass ich es hier als Impuls für diesen Topic belasse. Wichtig ist der Ansatz, dies nicht mit typischen Talent Pools zu verwechseln. Dies hier ist eine Weiterentwicklung, weil sie Vermittlungsmöglichkeiten ähnlich neuer Ansätze auf dem Markt[1] beinhaltet und so direkt zum Ziel führt.

Mut

[Einsatz + Überwindung von Schwierigkeiten]

Mut ist die einzige Möglichkeit, sich aus Trägheit und Komfortzonendenken zu befreien. Mut wird notwendig dort, wo Entwicklung, Wachstum und Innovation gefordert werden. Nicht nur in der Wirtschaft, sondern in allen Bereichen unserer Gesellschaft ist die VUCA-Welt[1] so offensichtlich, dass wir die Anpassung an massive Veränderungen oder Krisen ohne entsprechende Entwicklung neuer Lösungen nicht mehr schaffen. Der Innovation Gap, der in allen Bereichen zu spüren ist, wird größer und damit die Überlebensfähigkeit von Unternehmen, Institutionen und Systemen. Was ich bis heute nicht verstehe: die Weigerung, sich gegenüber Veränderung zu verschließen, selbst wenn bekannt ist, dass sie dringend erforderlich und für das Überleben des Unternehmens, der Institution oder des Systems zwingend notwendig ist. Dass Menschen sich prinzipiell mit Veränderung schwertun, das ist bekannt, denn so tickt der Mensch. Dass aber selbst in Krisen oder offensichtlichen Situationen keine Bewegung in diesen Prozess eingebracht wird, führe ich auf eine Tatsache zurück: fehlender Mut. Folgende Definition trifft es passend: „Mut ist ein über der Norm liegender Einsatz zur Überwindung von Schwierigkeiten und Gefahren, der sich sowohl in aktivem oder auch defensivem Verhalten äußern kann. Synonym zu Mut werden oft auch die Worte Tapferkeit, Kühnheit, Wagemut oder Beherztheit gebraucht. Dabei bezeichnet Tapferkeit eher die Unerschrockenheit und Stärke im Bestehen von Gefahren. Doch erfordern sowohl Mut als auch Tapferkeit oft ein Überwinden von Angst oder Furcht. Mut erwächst aus der Stärke des Charakters und aus einem natürlichen Selbstvertrauen, einem inneren Kraft- und Wertgefühl. (...) Manchmal entsteht Mut auch aus einer Notsituation (der Mut der Verzweiflung). (...) unterscheidet man den Mut, der ernsthafte Verletzung oder gar das Leben wagt, von dem Mut, der im Dienst von Überzeugungen und Idealen eigene wirtschaftliche oder gesellschaftliche Nachteile riskiert (Zivilcourage)."[2] Damit ist alles gesagt: wo Einsatz zur Überwindung von Schwierigkeiten fehlt, haben Entwicklung und Fortschritt keine Chance und Untergang ist die langfristige Folge.

Fortschritt

[Evolution + Anpassungsentwicklung]

Wenn zu Fortschritt, Entwicklung und Wachstum Mut erforderlich sind, dann ist der wesentliche Ansatz einer Gesellschaft, diesen Mut zu fördern. Mut zu fördern bedeutet, die Definition oder wesentliche Umschreibung von Mut nochmals vor Augen zu führen. So ist Mut „ein über der Norm liegender Einsatz zur Überwindung von Schwierigkeiten und Gefahren, der sich sowohl in aktivem oder auch defensivem Verhalten äußern kann. Synonym zu Mut werden oft auch die Worte Tapferkeit, Kühnheit, Wagemut oder Beherztheit gebraucht. Dabei bezeichnet Tapferkeit eher die Unerschrockenheit und Stärke im Bestehen von Gefahren. Doch erfordern sowohl Mut als auch Tapferkeit oft ein Überwinden von Angst oder Furcht. Mut erwächst aus der Stärke des Charakters und aus einem natürlichen Selbstvertrauen, einem inneren Kraft- und Wertgefühl."[1] Infolgedessen wäre die Förderung von Mut, dass Angst oder Furcht zu überwinden gelernt und zugleich die Stärke des Charakters aus einem natürlichen Selbstvertrauen sowie einem inneren Kraft- und Wertgefühl entwickelt wird. Wenn wir nun weiter gehen, wie wir aktuell gesellschaftlich dastehen, kann ich nicht so wirklich feststellen, wo diese Förderung stattfindet. Ich sehe fast überall Komfortzonen, die Angst oder Furcht eher vermeiden lernen, die darin stärken, Konfrontation mit Herausforderungen zu scheuen und Stärke des Charakters aus einem natürlichen Selbstvertrauen und einem inneren Kraft- und Wertgefühl eher als Bedrohung denn als Unterstützung angeschaut werden. Um es drastisch auszudrücken: sowohl in unserem Schulsystem wie auch in elterlichen Helikoptersystemen werden all diese Fähigkeiten nicht mehr gelernt. Von Pauschalisierung nehme ich hier Abstand, ich beschreibe ein generelles Wertekonstrukt, das es anzuschauen gilt. Wo Kinder keine Hinfallen-Szenarien mehr lernen, wo später Jugendliche bereits wissen, wieviel Vermögen sie einmal erben, wo in der Arbeitswelt sehr stark gepimpert wird, ohne Leistung zu fordern, wird alles getan, nur nicht eines: der Fortschritt gestärkt. Anstatt dessen stärken wir Komfortzonen, die aus sich heraus keinerlei Anstrengungen unternehmen, um Schwierigkeiten oder Herausforderungen freiwillig zu überwinden.

Innovation

PHÄNOMEN 4

INNOVATION

Wir können es drehen und wenden, wie wir wollen, aber Anpassung an die Geschwindigkeit der Veränderung erfordert Innovationskraft, Durchhaltevermögen und Zeit für lebenslanges Lernen, Arbeiten und Entwicklung.

Innovation braucht Haltung

[Innovationskultur + Veränderungsbewusstsein]

"Das haben wir immer schon so gemacht!" "Okay." Wer Zukunft und insbesondere Krisenzeiten, schwierige Situationen und komplexe Fragen lösen will, und ich rede jetzt mal nicht nur von Mitarbeitermangel, braucht innovatives Denken und Handeln. Zukunft gestalten geht nicht zusammen mit Besitzstandsdenken, Komforthaltungen und Aversion gegen Neues. Nicht nur Schumpeter hat hier viele gute Ideen und Herangehensweisen für Innovation beschrieben. Wir brauchen jetzt so viel Kreativität und Einfallsreichtum wie lange nicht. Überall wohin man schaut, "Baustellen". Zuversicht ist das Eine, Anpacken und Gestalten sind das Andere. Wenn ich mal nur die nicht aus Fachliteratur herzitierte Definition von Innovation nehme, sondern die aus Wikipedia, dann finden wir eine Antwort, warum Festhalten an Gewohnheiten Veränderungen und das Kreieren neuer Ideen und Lösungen verhindern. "Innovation (wörtlich „Neuerung“ oder „Erneuerung“; von lateinisch innovare ‚erneuern‘ abgeleitet) wird in der Umgangssprache im Sinne von neuen Ideen und Erfindungen und für deren wirtschaftliche Umsetzung verwendet. Im engeren Sinne resultieren Innovationen erst dann aus Ideen, wenn diese in neue Produkte, Dienstleistungen oder Verfahren umgesetzt werden, die tatsächlich erfolgreich Anwendung finden und den Markt durchdringen (Diffusion). Der komplementäre Prozess zur Innovation ist die Exnovation, die Abschaffung von nicht mehr wirksamen oder gewünschten Prozessen, Produkten oder Technologien“[1]. Diese Herangehensweise der Exnovation ist in meiner Innovationsmethode Upcycling Design Sensing[2] integriert, aber ich nehme in den Prozess die Sinneswahrnehmung mit auf, um explizit das Fühlen in den Innovationsprozess einzubeziehen. Die Innovation ist laut Schumpeter[3] ein willentlicher und gezielter Veränderungsprozess hin zu etwas Erstmaligem, „Neuem“. Wirtschaft und Gesellschaft wandeln sich, wenn Produktionsfaktoren auf eine neuartige Art und Weise kombiniert werden. Konkret bedeutet dies für mich schon immer und jetzt erst recht: Überall da, wo scheinbar unlösbare Probleme vorhanden sind, braucht es Mut, Althergebrachtes loszulassen und völlig neu zu denken und Fühlen zu integrieren.

Dynamic Management

[Strategie + Dynamik]

Wir befinden uns nicht erst seit Corona in einer Zeit der Dauerkrisen und radikaler Unsicherheit: Die neue Ära ist eine Ära radikaler Unsicherheit, die nicht nur mit Resilienz zu bewältigen ist. Radikaler Unsicherheit können wir meiner Meinung nach nur mit Resilienz und dynamischen Strategien in Verbindung mit Intuition begegnen.
Im Management wird hier vor allem eine wesentliche Eigenschaft gefragt sein: eine flexible und intuitive Herangehensweise an Strategien, die ich 'dynamische Strategien' nenne sowie eine Gestaltung von Rahmen, innerhalb derer sich Szenarien entwickeln, beispielsweise indem man Vertrauen in Mitarbeiter setzt und in evolutorische Prozesse, was ich 'Design on Frame' nenne, also ein Rahmen, in dem sich die Prozesse entwickeln dürfen.
Diese dynamischen Prozesse können in klare Entwicklungs-Schritte, auch einem evolutionären Prinzip folgend, gegliedert werden: ich habe sie in meinem Buch 'Das Satellite Core Modell'[1] als die '1+4=ONE'=Formel beschrieben. Die Formel kann für viele Prozesse übertragen werden, wenn adaptiv-situative Prozesse gestaltet werden, auch Prozesse dynamischen Managements.

- die Innovation entsteht direkt aus dem Unternehmen heraus mit Mitarbeitern, die das Unternehmen und Prozesse bestens kennen
- entwickelte und in die Dynamik des Unternehmens integrierte Mitarbeiter können besser und schneller auf Veränderungen reagieren
- der vielbesprochene Mitarbeiter-Mangel kann durch in dynamische Prozesse einbezogene Mitarbeiter besser aufgefangen werden, als wenn Mitarbeiter nicht die Dynamik selbst mitsteuern können
- Management reagiert nach demselben Format wie die Mitarbeiter: strategisch-dynamisch-innovativ
- Durch Nachahmung evolutionärer Prozesse werden Anpassung an Veränderung leichter machbar
- Diese 'Strategic-Innovative Dynamic Management Rules' erfordern neben Analyse und Strategie auch Empathie, Intuition und Kreativität.

Upcycling Design Sensing

[Innovationsmethode + Sinnhaftigkeit]

Konsumgesellschaft, Non-Stop-Ablenkung, Subito-Gesellschaft, Kultur-Vergessenheit, Dauerkrisen und digitale Reizüberflutung - alles Teile einer Gesellschaft, die Selbstbestimmung nahezu unmöglich macht, führen dazu, dass der Mensch immer mehr verloren geht und Ängste zunehmen. Durch Upcycling wertet man etwas Bestehendes auf. Das heißt, man macht nicht etwas ganz Neues. Insoweit ist das eine Innovations-Methode, die Werte verbindet. Sie geht aber weit darüber hinaus und ist eine Methode für Ressourcen-Schonung und daher auch eine ökonomische Formel. Durch das gleichzeitige Integrieren von FÜHLEN (sensing/engl.) wird eine emotionale Komponente in den Innovations-Prozess integriert. Der Vorteil ist, Offenheit und Toleranz gegenüber Altem, Bestehenden anstatt Wegwerfen oder Verachtung zu entwickeln. Als Training beruhigt es, fokussiert, lässt Wesentliches erkennen und lässt Selbst-Bezug zu. Die ständige Beschäftigung damit lässt außerdem Veränderung immer mehr als positiven Bestandteil des Prozesses zu - und lässt zudem ständig Neues entstehen, ohne das "Alte" zu vernichten. Insoweit ist Upcycling ein Innovations-Training, das zugleich Werte schätzt und Veränderung lieben lernt. Durch das Arbeiten mit Händen wird zugleich den seit langem von Hirnforschern angekündigten negativen Folgen von Digital-Konsum (Gehirne verändern sich, Konzentration & Lernen wird zunehmend schwieriger uvm.) etwas entgegengesetzt - Bereiche des Gehirns werden durch Be-Greifen (Tast-Sinn/sensing im Englischen), ergänzt mit Bewegung + Mental-Training verstärkt (u.a. motorischer Kortex): Bereiche, die für Lernen, Konzentration, Einfallsreichtum, "Etwas-In-Bewegung-Setzen" dringend benötigt werden. Upcycling Design Sensing [1] geht so über das Design Thinking hinaus. Es nimmt ausdrücklich Fühlen, Be-Greifen, Gefühle, als methodische Bestandteile auf. Das Prinzip ist zugleich ein Training für Neurogenese und neuronale Plastizität, bekannt für Konzentration, Entschleunigung, schnelleres Umschalten & Flexibilität, natürliches Anti-Aging, aber auch als Panikbremse sowie Prävention für degenerative Erkrankungen wie Alzheimer (durch Denken + Fühlen/Be-Greifen + Sehen, idealerweise ergänzt mit Riechen, Bewegung, Natur).

Walk-that-Talk

[Veränderungsprozesse + Bewegen]

Diese Methode beschrieb ich schon in meinem ersten Buch[1], als sie noch gar nicht bekannt oder weit verbreitet war. Ich nenne sie heute so, wie sie mittlerweile allgemein üblich auch benannt wird: Walk-that-Talk. Wenn Sie etwas für sich selbst klären wollen, machen Sie dieses Gespräch mit sich alleine aus, als stilles Gespräch mit sich selbst, ob laut oder leise, liegt an Ihrer Umgebung. Sinn-machend ist es, nicht wirklich laut zu sprechen.

- Gehen Sie raus in die Natur, idealerweise mit ein paar Walk-Stöcken
- Und konzentrieren Sie sich zunächst auf dem Weg, dann auf ihre Links-Rechts-Bewegung, dann auf ihr Thema
- Wenn Sie ein Selbst-Gespräch, auch im Stillen, führen wollen, nutzen Sie folgend zusätzliche Augenübung: mit jeder links Rechtsbewegung ihre Arme gehen ihre Augen in dieselbe Richtung, also wenn ihr Arm nach vorne geht gegen ihre Augen links in die Natur, idealerweise sind dort Bäume oder Berge, also wo sie etwas haben zum Anschauen
- Die Augen folgen also der Richtung der Arme
- Ihre Augen schauen immer etwas links und rechts von Ihnen bewusst an. Dabei denken Sie an ihr Thema, das sie bewegt
- „Beobachten" Sie dabei unangestrengt Ihre Gefühle
- Durch das Gehen, durch die Links-Rechts-Bewegung Ihrer Arme, ihre Beine und ihre Augen werden sie unweigerlich ein leichteres Gefühl oder eine Entwicklung einer Lösung erfahren! Probieren Sie es aus!
- Nutzen Sie die Umgebung um Ihr Unternehmen herum, um kurze Termine für Einzelgespräche dort mit einem „Walk-that-Talk" zu „be-wegen". Der motorische Kortex in unserem Gehirn ist nicht nur für Sport und Bewegung[2] zuständig, sondern auch für unsere Motivation: es wird also regelrecht etwas bewegt. Gleichzeitig haben Sie draußen einen kurzen Tapetenwechsel und üben so nebenbei ganz lässig und einfach „Veränderung". Es sind die kleinen und einfachen Schritte, die uns im Change und in der Innovation trainieren lassen, zumindest als Einstieg in die dann größeren Schritte. Auch „grüne Wände", also ganze bepflanzte Wände, im Unternehmen, können Flow, Resilienz und Entspannung bringen.

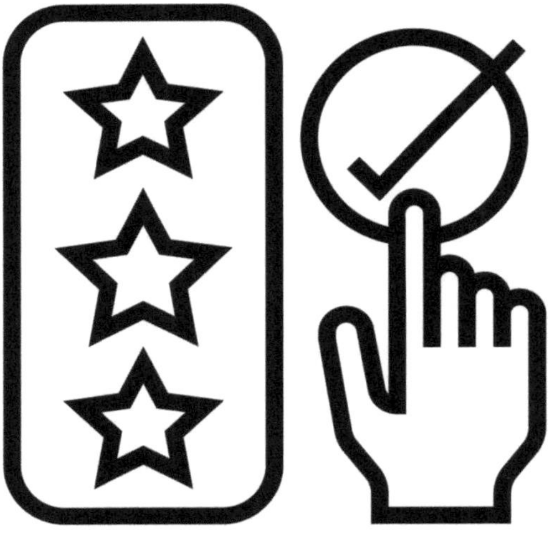

Nature Scoring

[Reduktionsintelligenz + Nature Experience/NX]

Nature Scoring nenne ich meine Methode für Reduktionsstrategien zur Förderung der Selbstwirksamkeit durch Selbstregulation. Es ist eine höchst effiziente Methode, die zur Automatisierung von Abläufen Alltag trainiert werden kann, um besser auf unerwünschte Situationen reagieren zu können. Die Methode basiert auf bereits wissenschaftlich erprobten Methoden, jedoch bei mir in Verbindung mit Naturerfahrung. Nature Scoring oder auch „Glück ist Knäckebrot" als Symbol für Reduktion. Reduktions-Strategien zur Förderung der Selbstregulation, Entwicklung der Persönlichkeit und Willensstärke sowie Entspannung durch Natur in einer reizüberfluteten Welt. In dieser Methode wende ich die MCII – Mental Contrasting with Implemention Intentions [1] verbunden mit eigenen entwickelten Methoden, die der Förderung der Verbindung von rechter und linker Hirnhälfte dienen. Außerdem setze ich „Wenn-Dann-Strategien[2]" zur sichereren Erreichbarkeit von Zielen und damit verbundenen Erfolgserlebnissen sowie Entspannungstechniken durch Visualisierung/Natur für mehr Power und Zufriedenheit ein („die eigene Natur spüren, Bei-Sich-Sein, Glücklich-Sein = Übereinstimmung mit den eigenen Bedürfnissen, Wünschen & Zielen). Ziel der Methode, ist, eine komplexe Methode aufs Einfachste zu reduzieren und damit am besten alltagstauglich zu gestalten zur regelmäßigen Anwendung. Das Mentale Kontrastieren ist eine Methode zur Selbstregulation und fördert die Zielbindung sowie Klarheit bei Entscheidungen. Im Zusammenhang mit Naturerfahrung ist die Ablenkung einerseits begrenzter und Natur wirkt immer hilfreich als beruhigende Methode anstatt zusätzlich erhöhte Ablenkbarkeit, Konzentrationsmängel und ein erhöhtes Abbruchverhalten von Tätigkeiten und Handlungen zu fördern. Die äußeren Rahmenbedingungen in der Natur helfen außerdem bei der besseren Selbstkontrolle von Impulsen: Belohnungsaufschub zu erfahren und somit im Alltag auch umsetzen zu können für mehr Wohlbefinden („Glücklich-Sein"),Willensstärke,Erfolg,besserem Selbstmanagement[3] sowie der erfolgreichen Persönlichkeits-Entwicklung[4]. Wer Natur und Nature Experience(NX) als Möglichkeit für Entwicklung erkennt, hat alle Chancen für die eigene Zukunft in seinen Händen.

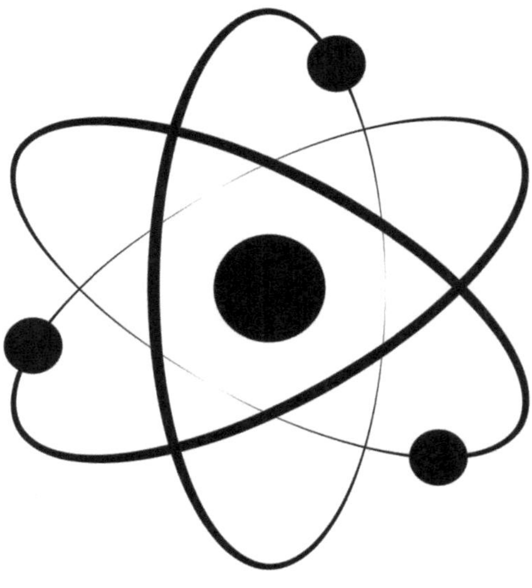

Satellite Coring

[Innovationsentwicklung + Agile Strategizing]

Satellite Coring ist nichts anderes, als das vorhandene Potenzial nicht nur in Unternehmen strukturiert und nacheinander, nicht im Multi-Tasking-Modus, zu trainieren. Dabei geht es immer darum, sich auf einen Fokus zu konzentrieren (CORE), während weitere Satelliten regelmäßig, aber weniger intensiv, trainiert werden. Satellite Coring wird deshalb relevant, weil aus unterschiedlichen Potenzialen auch weitere Vorteile entstehen:

1. Mitarbeiter, die in Vielfalt trainiert sind, haben eine bessere Neurogenese (Voraussetzung ist immer Lernen ohne Druck oder Zwang)
2. Satelliten im Unternehmen können ungeahnte Interdependenzen entwickeln und bereits so Innovationen anbahnen, die zuvor nicht erkannt wurden
3. Vielfalt erzeugt Einfallsreichtum und Flexibilität, sogar Toleranz und Offenheit
4. Transformation aufgrund Marktanpassung, sonstigem Veränderungsdruck kann einfacher erfolgen, da die Grundlage für Flexibilität durch entsprechend trainierte Mitarbeitern vorhanden ist
5. Multi-Potenzial-Training kann auch Multi-Intelligenz-Förderung sein. In komplexeren Zeiten wird zunehmend Multi-Intelligenz benötigt. Daraus kann auch ein Corporate Think Tank entstehen
6. Aus Multi-Potenzial können sehr viel besser agile Strategien entwickelt werden. Die Interdependenz der Satelliten ermöglicht schnellere Verschaltung unserer Areale im Gehirn und lässt schneller und agiler reagieren (Agile Strategizing)
7. Stärkung der Neurogenese ist auch Prävention gegenüber Alzheimer und sonstigen Demenz-Erkrankungen und wird im Zeitalter von Lifelong Working sowie Mitarbeiter-Mangel nicht nur im Gesundheits- und Pflegebereich zunehmend relevant
8. Zunehmende unterschiedliche Lebensentwürfe, nicht nur der jungen Generation, können durch Potenzialtraining zufriedenstellender gestaltet werden. Selbstwirksamkeit, Erfolgserlebnisse und Bindung werden gestärkt. Kreativität ist zugleich Resilienz-Stärkung.

Agilität wird früh entwickelt

[Begreifen + Handschreiben]

Wir reden von Agilität, lernen aber weder Vielfalt, die dazu in uns bereits angelegt werden muss in der Kindheit, noch lernen die Kids von heute noch Handschrift, die genauso für unser agiles und flexibles Gehirn mit verantwortlich ist. Wo zunehmend mehr getippt wird und immer weniger geschrieben von Hand verliert das Handschreiben zunehmend an Bedeutung. Dabei ist dieses händische Schreiben jedoch ein entscheidender Faktor, wie unser Gehirn und die neuronale Aktivität hierdurch unterstützt werden können. Unser Gehirn ist darauf ausgelegt, durch Bewegung zu lernen. Jede noch so kleine Bewegung ist hilfreich, um das Gedächtnis fit zu halten. Bewegungen helfen uns tatsächlich, besser zu lernen und unseren Geist fit und schnell zu trimmen – wir be-greifen die Welt besser, wenn wir uns bewegen, auch im handschriftlichen Sinn. Das Tippen auf Smartphones und Tastaturen jedenfalls zählt nicht zu dieser im motorischen Gedächtnis so hilfreichen Abspeicherung. Viele wissenschaftlichen Studien[1] zeigen. Be-Greifen und Lernen wird hilfreich unterstützt durch Bewegung. Kognitionspsychologen, die sich damit beschäftigen, beschreiben die Handschrift als hilfreicher beim Lernen als das Tippen einer Computertastatur. Handschrift schult die Motorik, erhöht die Merkfähigkeit und erleichtert das Lesen. Durch die Formung von Buchstaben von klein auf wird der Sinn der Wörter erfasst und besser im Gedächtnis verankert. In Studien wurde auch festgestellt, dass komplexe Zusammenhänge bei Probanden in Handschriften-Gruppen besser dargestellt wurden als bei Probanden, die Mitschriften im Computer verfassten. Bewegung hilft auch im größeren Umfang uns Menschen[2]: regelmäßige Bewegung, auch Radfahren[3] und sonstige sportliche Aktivität vergrößern nicht nur die Muskeln, sondern auch das Volumen unserer Hirnareale. Sport hilft auch bei Denkpausen, Re-Creation und zur Neubildung von Neuronen, wo neue Gedächtnisinhalte gespeichert werden. Außerdem arbeitet durch diese Stärkung der Geist schneller. Wir brauchen heute Einfallsreichtum und Innovation mehr denn je, deshalb kann weder auf Handschrift noch auf Sport verzichtet werden. Die Konsequenzen für unsere gesellschaftliche Entwicklung sind ansonsten katastrophal.

60EX

EMPLOYEE EXPERIENCE INNOVATION

Der 60EX Faktor

[Mitarbeiterbindung + People Experience]

Meine Systemlösung für Unternehmen im Bereich der Mitarbeiterbindung und -gewinnung habe ich 60EX genannt. 60 ist lediglich ein Marketing-Annex. EX steht für die sogenannte Employee Experience, der Erfahrungen, die Mitarbeiter im Unternehmen machen. Dieser EX kommt eine zunehmende und ich meine sogar, DIE Bedeutung in der Zukunft schlechthin, zu. Ich definiere EX neu oder zumindest anders, wie sie herkömmlich beschrieben wird. Da für mich heute in allen Bereichen von Lebensgestaltung immer diese drei wesentlichen Bereiche dazugehören, integriere ich sie auch in die Erfahrung von Mitarbeitern in Unternehmen. Ich unterscheide dabei nicht in Organisation, Arbeit, Soziales, wie oft in großen Beratungshäusern üblich, sondern so:

- ÖKONOMIE (Economy Design Café),
- LEBENSZEITGESTALTUNG (Lifetime Design Café) und
- INNOVATION & SUSTAINABILITY (Upcycling Design Café).

Auch bei der EX unterscheide ich wie hier im Buch in Kategorien von DESIGN CAFÉS, um die GESTALTUNG von WOHLBEFINDEN als #Peopleexperience und #Employeeexperience zu beschreiben und thematisch zuzuordnen. Die Wirkung von Design Cafés ist wichtig, da Design immer für Gestaltung anstatt Druck und Zwang und Café immer sinnbildlich für Wohlbefinden und Flow stehen. Thematisch bezieht sich deshalb in einer positiven Mitarbeiter-Erfahrung die Erfahrung von Gestaltung und Wohlbefinden im Kontext mit Ökonomie (Gehalt, Benefits, Incentives, betriebliche Altersvorsorge, Beteiligung am Unternehmen, Chancen-Gerechtigkeit) und Leben (Beziehungen, Teams, Soziales Klima, Anerkennung, Work-Life-Balance, Lifetime Modelle = Lebensphasenbezogene Arbeitszeiten, Purpose) sowie Lernen & Entwicklung (Innovationstraining, Identifikation mit Produkten aus Nachhaltigkeits-Sicht, Skills und Capability Development). Dieser gestaltete 60EX-Faktor bezieht somit die wesentlichen Lebensbereiche von Mitarbeitern ein. Gut gestaltet schafft dies die Grundlage, Mitarbeiter nachhaltig an ein Unternehmen zu binden und sozialen Frieden mitzugestalten.

GenIE

[Generationen + Innovative Empathie]

Wenn wir von Generationen reden, dann sind damit die vier Generation gemeint, die zurzeit in der Arbeitswelt vertreten sind: die Babyboomer und die Generationen X, Y und Z. Es wird überall empfohlen, auf diese unterschiedlichen Bedürfnisse dieser Generationen einzugehen, um sie besser zu verstehen, nicht nur in der Mitarbeitergewinnung und -bindung. So manch ein älterer Mitarbeiter schüttelt anscheinend über manch jungen Mitarbeiter den Kopf und umgekehrt. Doch ist das tatsächlich so? Können die zumeist stereotypen Zuordnungen zu den einzelnen Generationen tatsächlich sinnvolle Effekte erzielen? Darüber sollten wir uns Gedanken machen, anstatt pauschale Urteile über einzelne Generationen zu fällen. Wenn es um Personalplanung geht, rate ich vielmehr in lebensphasenbezogene Bedürfnisse der Mitarbeiter zu unterschieden, wobei dementsprechende Erfahrungen im Unternehmen damit verbinden werden können. So könnte das in lebensphasenbezogene Employee Experience 20EX, 30EX, 40EX, 50EX, 60EX gestaltet werden. Für eine gesamtgesellschaftliche Entwicklung könnte man in Bürgererfahrungen (Citizen Experience/CiX), ebenso lebensphasenbezogen, unterscheiden. So wären Städtebauplanungen, Teilhabeplanungen und vieles mehr viel bedarfsorientierter machbar. Insgesamt aber sollten wir uns darauf fokussieren, jenseits aller Altersstufen Innovation zu trainieren, Talente und Genies[1] in jedem zu wecken und zu fördern, von Anfang an, um damit eine GenIE[2], also eine ‚Generation Innovative Empathie'[3], zu fördern, die völlig altersunabhängig sich innovativ-empathisch und fortschrittsbezogen anstatt komfortzonenorientiert verhält und weiterentwickelt. In dieser neuen Ära ist Entwicklung und Innovation gefordert. Doch dies zu erzeugen, benötigt Zeit. Anstatt also in Generationen 'Jung' und 'Alt' zu unterscheiden, sollte wir smarter sein, auch zusätzlich KI [4],nutzen: Die vorhandenen Potenziale zu nutzen, anstatt Ressourcen durch stereotype Zuordnungen zu verschwenden. Wir benötigen die gesamte Innovationskraft einer Gesellschaft, die definitiv nicht auf Altersstufen begrenzbar ist. Alter ist eine Haltung und keine Krankheit.

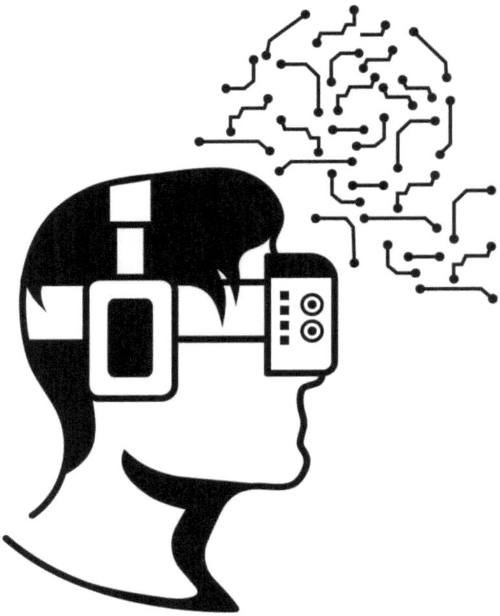

Future Thinking

[Zukunft + Antizipiertes Denken]

Zukunftsdenken ist wie Fußballspielen – man muss intuitiv und gut trainieren erkennen, wie der Ball zu schießen ist, um ins Tor zu gelangen. So lernen Kinder schon früh durch Sport oder andere Tätigkeiten, wie antizipiertes Denken funktioniert. Wenn man etwas antizipiert, dann kalkuliert oder rechnet man mit einem zukünftigen Ereignis oder Ergebnis. Das integriert zusätzlich oft auch das entsprechende Vorbereiten auf die erwartete Situation mit ein, sodass man mit Aktionen auch adäquat reagieren kann. Ein Fußballspieler, der eine Abwehrposition besetzt, kann so etwa einen Pass des gegnerischen Teams antizipieren und sich dementsprechend positionieren, um den Ball abzufangen und abzuwehren. Wer den Herausforderungen in einer neuen Ära adäquat begegnen will, benötigt Zukunftsdenken und somit antizipiertes Denken. Beginnen kann man damit, indem man Kinder früh Dinge ausprobieren lässt, erforschen lässt und nicht sofort, so wie das heute oft der Fall ist, gleich beschult und in Wissensthemen unterrichtet. Wenn wir die Entdecker-Seele in uns von klein auf schulen, machen wir Erfahrungen, die uns auch Antizipieren lehren. Kinder können durch Ausprobieren sehr schnell feststellen, welche Aktionen zum Ziel führen und welche nicht. Anstatt ihnen alle Erfahrungen und auch negative Erkenntnisse durch Helikoptertum[1] zu ersparen, wäre es ein wichtiger Skill, den sie durch Erforschen, Ausprobieren, Fühlen, Spüren und kognitiver Erkenntnisse daraus lernen. Zukunftsdenken kann unterschiedlich trainiert werden in einem späteren Stadium als Jugendliche oder Erwachsene. Mit meiner 1+4=ONE-Formel[2] können spielerisch-strategisch Zukunftsdenken in einer fünf-stufigen Methode aus Erforschen, Betrachten, Fühlen, Denken und Entwickeln erfahren und gelernt werden. Es gibt viele andere Möglichkeiten, Zukunft zu antizipieren und vorwegzudenken, um Strategien für Zielerreichung zu generieren. Grundlegender Ansatz in allen Techniken sollte sein, Offenheit gegenüber Perspektivwechsel zu entwickeln. Eine einfache Methode ist Fotografieren, ganz bewusst in Resonanz gehend mit dem Ziel des Motivs aus unterschiedlichen Perspektiven betrachtet. Zukunftsdenken gestaltet so Zukunft in der Gegenwart.

Selbstverlust

[Lifetime Management + fehlende Persönlichkeit]

In einer Welt, die komplex ist und zusätzlich in einer traumatisierten Gesellschaft, die wir sind (siehe mein Topic 'Vergangenheits-Bewältigung'), haben wir es schwer, das eigene Leben so zu gestalten, dass wir es gut leben können. Ob wir es wollen oder nicht, aber der Krieg in Deutschland hat viele traumatische Erlebnisse geschaffen und Traumatisierung zieht sich dann durch eine ganze Gesellschaft und führt zu weiterer Traumatisierung. Heute erleben wir dies in früher Trennung von Kleinkindern in Kitas, immer mehr Kaiserschnitten, im wirtschaftlichen Kontext und in öffentlich unbemerkten Sequenzen. Traumatisierte Menschen haben dann eine Bildungs- und Berufsentwicklung, die sich stets am Außen und an Autoritäten orientieren. Solche Menschen werden angepasste Schüler und übernehmen gerne Aufgaben, auch wenn sie diese nicht mögen. Diese Außenorientierung wird auch durch das gesamte Schul- und Ausbildungssystem und unser Wirtschaftssystem, die allesamt konkurrenzorientiert ausgerichtet sind, noch zusätzlich gefördert. Wer so lebt, wird erfolgreich im gesellschaftlichen Sinn, hat aber den Zugang zu sich Selbst und das Bilden einer eigenen Identität wohl schwer gefunden. Das bedeutet im Arbeitsleben dann, dass diese Menschen sich sehr gut in Systeme einpassen können, die ihren eigenen Bedürfnissen weder entsprechen noch guttun. Sie können ihrer persönlichen Entwicklung sogar schaden. An die Stelle von eigenen Bedürfnissen und guten Emotionen treten dann materielle Phänomene wie "Geld", "Gewinn" oder "Wachstum".[1] Die Arbeit dient in solch einem Fall dann nicht mehr einem guten Leben[2] oder der Motivation, anderen etwas Gutes zu tun, Arbeit dient dann nur noch dem Zweck, dem eigenen Selbst davonzulaufen, anstatt es zu entwickeln. Für Persönlichkeits- oder Potenzialentwicklung ist kein Platz und anstatt dessen wird der Konsumindustrie und Statusdenken entsprochen. Einer Industrie, die durch fortwährende Produkte, die keiner braucht, genau diese Kompensationsverhalten fördert[3] und eine digitale Welt, die das Leben im Außen unterstützt. Wir sind überall, nur nicht bei uns Selbst[4].

'Adapt first, mutate later'

[Vererbung + Anpassungsfähigkeit]

Dieser Titel in ‚New Scientist'[1] bezog sich auf die Erkenntnisse der Telomer-Forschung, dass wir immer unmittelbar auf unser Erbgut Einfluss nehmen. Unsere gesamte Lebensweise wird in jedem Moment an unser Genom, unser Erbgut, über unsere DNA, weitergegeben. Im Phänomen ‚Lifelong Working' beschreibe ich in einem Topic ausführlich die Telomerase, die in der Telomer-Forschung relevant ist für Anpassungsfähigkeit unserer Erbinformation. So steht fest, dass unsere Mahlzeiten, unsere Stimmungen, unsere sportlichen Aktivitäten, um nur beispielhaft einige Dinge aus unserer Lebensführung (Life Design) zu nennen, unseren Körper in einer endlosen Veränderungsschleife hält. Tatsächlich übernehmen unsere Genome, also unser Erbgut, in Echtzeit jeden unserer Lebensmomente durch genetische Aktivität. Es gilt als bewiesen, dass wir unsere Veränderungen im Leben auch genetisch durch die sogenannte Telomerase weitergeben. Wir haben somit Einfluss darauf, was wir an unsere Kinder vererben. Ein hochbrisantes Thema, gerade in Zeiten gesellschaftlicher Herausforderungen. Die Telomere können trainiert werden, und so unsere Zellen und Zellteilung beeinflussen. Bereits Stress, Gewalterfahrungen und schlechte Ernährung in der Kindheit wirken sich negativ auf die Telomere aus, was dann nachhaltige Auswirkungen auf Gesundheit und mehr hat. Studien ergaben, dass selbst im Erwachsenenalter diese schmerzhaften und traumatischen Erfahrungen sich immer noch durch kürzere Telomere belegten. Diese kurzen Telomere als Spuren früher Traumatisierungen können unser Denken, Fühlen und Handeln tiefgreifend verändern.[2] Die Telomerforschung wird so eine wesentliche Grundlage dafür, wie sehr Lebensbedingungen nachhaltig alles Weitere beeinflussen. Soziale Benachteiligung, lang anhaltender Stress, Armut und gefährliche Situationen sowie weitere Faktoren bergen die Möglichkeit, durch verkürzte Telomere an die Kinder bei der Befruchtung weitergegeben zu werden. So überträgt jede Generation wieder ständig kürzer werdende Telomere an die nächste Generation. Bereits von Geburt an wird so das Maß der sozialen und Gesundheitsungleichheit festgelegt, es sei denn, die Situation wird nachhaltig verbessert.

Moneyismus

[Geld + Ersatzreligion]

„Geld regiert die Welt", ein Satz, der die einen langweilt und die anderen in Erregung versetzt. Doch ich beschäftige mich seit vielen Jahren mit Geld und Finanzen, und finde diesen Satz sehr wichtig, wollen wir unsere Probleme zukünftig sinnvoll lösen. Wir können nicht von der Hand weisen, dass nicht nur Lobbyismus nachhaltigen Einfluss in all unsere Systeme nimmt und so klar vorgibt, wohin die Interessen gesteuert werden sollen. Ich bringe den Kontext Purpose und Sinn eines gesamten Lebens in Bezug zu Geld. Geld ist wichtig. Doch wenn Geld das Ziel im Leben ist und den eigenen Lebensinhalt dominiert, und womöglich persönliche Weiterentwicklung dadurch verdrängt wird, ist es ein armes Leben. Reichtum wie Vielfalt, im Prinzip alles, was den Menschen ausmacht, kommt von Innen. Wenn wir diese Erkenntnis anerkennen, können wir unsere eigene Entwicklung insbesondere unter diesem Aspekt positiv stärken. Ich finde es wichtig, angesichts der Probleme, die vor uns liegen: Überschuldung des Staates, Armut, die unsichtbar bleibt, Erbengeneration mit hohen Vermögen und vieles mehr. Wenn Reichtum sinnvoll eingesetzt wird, hilft er allen. Wo wir zukünftig so hohe zunehmende Ungleichgewichte erhalten durch Vererben und Schenken, erscheint mir die Aufgabe all derjenigen, die hohe Summen vererbt bekommen, eine Verantwortungsökonomie zu entwickeln. Denn unabhängig davon, dass mit Erben immer auch eine hohe Belastung erfolgt, das Ererbte in einer Form von ‚Intentions-Schuld', also die Absicht des Vererbers auch zu 'übernehmen', dann kann Erbe auch Belastung sein. Damit etwas Gutes und Sinnvolles zu tun, ist ein Ausweg jenseits des Moneyismus[1], das Geld als Gott-Ersatz sieht und daneben keine weiteren Götter erlaubt. Moneyismus als Ersatzhaltung für echte Vielfalt und gute Potenzialentfaltung sollte niemals Platz finden in einer Gesellschaft, die zunehmend in Bedrängnis gerät. Vielmehr sollte Kindern schon früh positiv die Verbindung mit Potenzialtraining und Reichtum beigebracht werden als wichtige und richtige Möglichkeit, damit ein gutes Leben zu führen und Potenziale sinnvoll und verantwortungsvoll einzusetzen, anstatt falschen Denkregeln des Moneyismus zu folgen.

Verantwortungsökonomie

[Social + Economy Comittment]

Laut einer aktuellen Studie[1] von Stepstone gibt es nicht nur sehr viele Wechselwillige, also Mitarbeiter, die ihren Arbeitsplatz wechseln wollen, sondern es gibt auch eine aus den USA bereits auch hier ankommende "Silent Resignation" wegen dem Beginn einer neuen Ära: der Arbeiterlosigkeit und einem Überangebot an Stellen.
Hier ein paar zitierte Zahlen aus der Studie:
- 35 % der Menschen denken mehrmals pro Woche an einen Jobwechsel
- Nur 15 % beschäftigen sich gedanklich nicht mit einem Jobwechsel
- konkret bedeutet das: mehr als 15.000.000 Wechselwillige, da wir Stand 2021 44.920.000 Erwerbstätige[2] haben.

Es wird und wurde bereits viel über Mitarbeitermotivation und strategische Lösungen für Mitarbeitergewinnung geschrieben, ich selbst habe dazu eine Systemlösung entwickelt. Doch darüber hinaus werden wir weitere Lösungen brauchen. Ich gehe davon aus, dass wir langfristig um eine Verantwortungsökonomie nicht herumkommen, was ich als ein ökonomisches Comittment und Verantwortungsübernahme auf beiden Seiten definiere. Arbeitgeber, die nicht nur gute Rahmenbedingungen schaffen, sondern Arbeitnehmer, die lernen, ebenso Verantwortung zu übernehmen. Ein ständiges Wechseln, zunächst einmal egal aus welchen Gründen, ist für alle Beteiligten nicht zielführend. Fehlende Bindung und fehlende Verantwortung können auf beiden Seiten gestärkt werden. Ich beschreibe dies deshalb als Verantwortungsökonomie, weil Ökonomie ein wichtiger Bestandteil eines gesamten Systems ist: Einzelpersonen, Familien, Organisationen, Unternehmen, Gesellschaft, Staat. Alle sind wirtschaftlich verbunden. Verantwortung zu übernehmen, ist ein hohes Ziel und so wie ich das sehe, der nächste Schritt. Dies will gelernt werden. Verantwortung in ökonomischer Sicht zu übernehmen, bedeutet für mich nicht nur wirtschaftlicher Erfolg, ökologisches Engagement und soziale Verantwortung in direktem Zusammenhang anzuerkennen. Die Interdependenzen und Einflüsse auf unsere Gesellschaft zu erkennen, lässt vielleicht auch einen gesellschaftlichen Purpose entwickeln. Wo Verantwortung gelebt wird und auch gelernt wird, entstehen Verantwortungsübernahme.

Beyond Growth

[New Thinking + Creating Treasure Value]

Wachstum ist wichtig. Doch welches Wachstum ist für uns zukünftig wichtig und daher relevant? Wenn wir die Erfolgsgesetze richtig verstehen und anwenden wollen, dann haben wir eine neue Sichtweise auf Wachstum, das erzielt wird im Zusammenspiel mit Reduktion, Vielfalt, Entwicklung und Innovationskraft. Daraus ableitend kann man eine neue Wachstumsformel beschreiben, die ich bereits im Jahr 2016 so formuliert habe. Bisheriges Kapital im Unternehmen ist definiert als Zeit x Absatzmenge = Kapital, wobei hier das Kapital das Value Kapital im herkömmlichen Sinne ist.

Das neue Wachstum beschreibe ich wie folgt: Innovations-Faktor x Speed of Implementation = Kapital, wobei hier das neue Kapital durch Treasure Value Growth Hacking das neue Treasure Value Kapital darstellt. Es ist Kapital, das aus wertschätzender Förderung der Innovationskraft der Mitarbeiter einen Innovations-Faktor und Umsetzungsgeschwindigkeit erzeugt hat. Dieses Kapital ist das zukünftige Kapital in Unternehmen. Es ist die Schatzkiste im Unternehmen, die durch Mitarbeiter erzeugt wird. Wichtig dabei ist, nicht Mitarbeiter als Produktionsfaktor anzusehen, sondern tatsächlich als Schatzkiste, die wertvoll ist und die gehegt und gepflegt und beschützt werden muss. Sie bildet die Grundlage für Zukunftssicherung und Win-Wins für alle Beteiligten.

Die vollständige Formel für Wachstum in einer neuen Ära, so wie ich sie sehe, ist im Anhang ausführlich beschrieben.

Wenn wir nicht nur der Geschwindigkeit in der Anpassung, sondern auch unserer menschlichen Anpassung an den Klimawandel und Dauerkrisen gerecht werden wollen, können wir einem Umdenken auch beim Wachstum nicht ausweichen. Es geht nicht darum, keinerlei Wachstum mehr zu wollen oder zu verzichten. Darum geht es definitiv nicht. Es geht um eine smarte Ausrichtung, wie wir zukünftig Wachstum erzeugen wollen. Innovationskraft ist ein wesentlicher Faktor, um Geschwindigkeit in der Umsetzung hinzubekommen. Diese Innovationskraft jedoch geschieht nicht einfach so: sie erfordert Zeit für Entwicklung.

Lifelong Working

PHÄNOMEN 5

LIFELONG WORKING

Wo neue Konzepte und Reformen längst anstehen, ist das Vordenken die Vorbereitung all dessen.

Lebenslanges Arbeiten

[Langlebigkeit + Gesundheitsspanne]

Lebenslanges Lernen ist Lebenslanges Arbeiten. Ich verstehe darunter selbstverständlich nicht durchgängiges Arbeiten eines beispielsweise Schichtarbeiters in der Metallindustrie oder sonstiger Berufszweige. Der Gedanke hinter Lebenslangem Arbeiten ist damit verknüpft, dass wir einerseits immer länger leben, was zumindest die Statistische Lebenserwartung betrifft. Dahinter stehen noch weitere Gedanken, die für mich den Bedarf eines Lifelong Working Modells auslöst: die gesetzliche Rentenversicherung wird zwar zu Unrecht immer schlechter geredet als sie tatsächlich ist, Fakt aber ist, sie wurde ursprünglich nie dafür ausgelegt, dass 30 Jahre oder länger monatliche Beträge an Rentenempfänger ausgezahlt werden. Dieses System also allein ist schon überholt. Dazu kommen jetzt aber weitere Punkte, die ein Lifelong Working Modell erforderlich machen: der zunehmende Mitarbeitermangel nicht nur im Gesundheits- und Pflegebereich macht immer mehr zukünftig erforderlich, wo nur möglich, Prävention in allen Bereichen zu betreiben. Was bisher Stress-Prävention durch Resilienz-Training ist, wird zukünftig weitere Prävention-Maßnahmen nach sich ziehen, wollen wir in den kollabierenden Systemen nicht untergehen. Die Beschäftigung mit unserer körperlichen und psychischen Gesundheit zur Verlängerung unserer Gesundheitspanne wird dabei einen wesentlichen Teil unserer persönlichen Weiterentwicklung machen. Die Vermeidung, ein Pflegefall zu werden, ist nur eine Folge davon. Lebenslangem Lernen und Arbeiten unter Work-Life-Balance-Gesichtspunkten kommt so eine hohe Bedeutung zu. Wo durch aktives Tun, in Abwechslung mit Pausen und körperlicher Aktivität wie beispielsweise Sport, eine lebenslange Aktivität betrieben wird, bleibt unsere Neurogenese aufrechterhalten. Sie beschreibt die Bildung unserer Nervenzellen im Gehirn durch Neubildung von Neuronen. Die Neurogenese ist dafür verantwortlich, uns geistig fit und beweglich zu halten. Sie ist die beste Prävention, nicht einzurosten und geistig abzubauen. Hinzu kommt das Wissen um die Telomerase, die in der Telomer-Forschung sehr bedeutende Wirkung auf unsere Langlebigkeit und Gesundheit haben kann, vorausgesetzt wir halten uns fit.

Langlebigkeit

[Lebenserwartung + Gesundheitsspanne]

Langlebigkeit, auch unter 'Longevity' oft beschrieben, ist der zunehmende statistische Trend, dass wir Menschen insgesamt länger leben. Wie ich unter Lifelong Working bereits beschrieben hatte, ist die lebenslange Aktivität erforderlich, um unsere Langlebigkeit gut zu gestalten. Wo durch aktives Tun, in Abwechslung mit Pausen und körperlicher Aktivität wie beispielsweise Sport, eine lebenslange Aktivität betrieben wird, bleibt unsere Neurogenese aufrechterhalten. Das Wissen um die Telomerase, die in der Telomer-Forschung sehr bedeutende Wirkung auf unsere Langlebigkeit und Gesundheit haben kann, vorausgesetzt wir halten uns fit, ernähren uns gut und bleiben lebenslang aktiv, ist ein weiterer Baustein für die positive Gestaltung unserer Langlebigkeit. Langlebigkeit wird für die einen tatsächlich auch mit längerer Berufstätigkeit verbunden sein, weil sie nicht genügend finanzielle Mittel haben, um im Rentenalter nur von Rente zu leben. Für die anderen wird es aber bedeuten, sinnvolle Aktivität auch jenseits dem in der westlichen Gesellschaft so üblichen Vertandeln von Zeit bedeuten. Das Ziel in der Langlebigkeit muss es also sein, durch neurogenese- und telomerase-freundliche Lebensweise uns zu unterstützen, dass wir fit bleiben und Kliniken und Pflegedienste erst gar nicht beanspruchen müssen. Darüber hinaus sehe ich Langlebigkeit nicht nur unter den Gesichtspunkten fehlender Mitarbeiter in Kliniken und Pflegediensten als eine gigantische Chance, dass wir Generationen zusammenwachsen anstatt auseinanderzudriften. Ich sehe dabei die Möglichkeit, ein lebenslang aufgebautes Wissen und Erfahrung nicht mit Beginn des Rentenalter an der Garderobe abzugeben, sondern es für die Gesellschaft zur Verfügung zu stellen, damit diese sich ebenfalls weiterentwickeln kann. Wir haben mit unserer Langlebigkeit mehrere Möglichkeiten, Krisen nicht nur weiterhin zu lösen, sondern Unmögliches und bisher Undenkbares möglich zu machen. Wir können uns zu einer transformierten Gesellschaft entwickeln, die Traumatisierung bewältigt, und den Krieg, der nicht nur unsere Geschichte belastet, endlich hinter uns lassen. Langlebigkeit ist hier deshalb auch eine Chance, inter-generationale Wunden zu heilen.

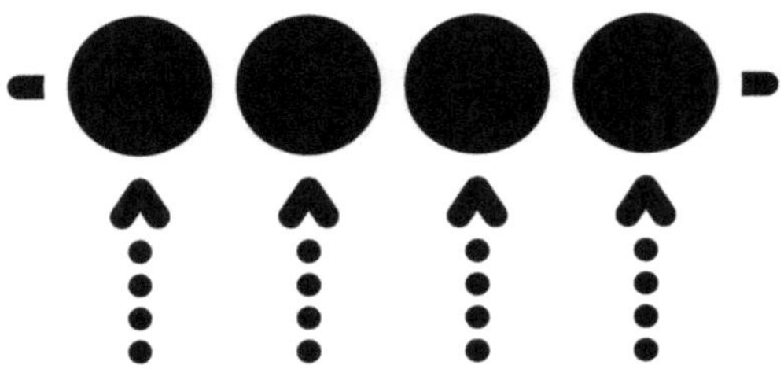

Life Management

[Lifelong Working + Life Design]

Wenn Lifelong Working nicht nur aus Berufstätigkeits-Sicht, sondern als Modell für positive Lebensgestaltung kommen sollte, wird das ein guter Einstieg sein, Teilzeit zu arbeiten, Sabbaticals einzulegen und nicht nur New Work und Work-Life-Balance neu zu definieren. Wir benötigen dann eine insgesamt neue Sichtweise auf Lebensgestaltung, Altersvorsorge und Berufstätigkeit. Ich denke, dass junge Menschen zu Unrecht verurteilt werden und auch pauschal über einen Kamm geschert werden, wenn sie heute nicht mehr so viel Wochenarbeitszeit möchten. Dahinter steckt für mich bereits aus heutiger Sicht ein gezieltes und intuitives Life Management, so wie ich das auch sehe. Life Management nach meiner Vorstellung sieht so aus, dass wir bisher in den Phasen Schulzeit + Arbeitszeit + Rente unterschieden haben. Auch hier müssen wir neu denken: Schulzeit + Arbeitszeit + Arbeitszeit & Rente. Heutige Langlebigkeit erfordert ganz gezielte Gestaltung und sogar Management des Lebens, das ich unter genau den fünf Phänomenen dieses Buches gestaltet sehe: Reduktion in allen Bereichen, indem wir lernen, mit Komplexität und Zuviel umzugehen. Vielfalt, indem wir diese trainieren, um unsere Multi-Intelligenz zu fördern. Entwicklung, um ein Leben lang uns als Menschen weiterzuentwickeln. Lebenslanges Arbeiten, um unsere Langlebigkeit durch Verlängerung der Gesundheitsspanne positiv zu gestalten. Die ökonomische Gestaltung gehört zu diesem Life Management logischerweise zwingend dazu. In Berechnungen, die auf unterschiedliche Lebensphasen konkret eingehen, kann jeweils finanzmathematisch berücksichtigt werden: Gehälter, Zuflüsse sonstiger Einnahmen, Abflüsse von typischen Ausgaben wie Lebenshaltung, Immobilienfinanierung oder Miete und vieles mehr, um das Ziel der Altersvorsorge auszurichten und entsprechend zu justieren. Je höher die Versorgungslücken sind, umso länger muss gearbeitet oder Ausgaben reduziert werden. Dass letzteres in der heutigen Zeit nicht mehr wirklich machbar ist, ist jedem von uns klar. Klarheit in Zahlen hinsichtlich unserer Ziele löst dann jedoch Aktivitäten aus, die erforderlich sind. Manchmal entstehen dann Dynamiken, die Unmögliches erst möglich machen.

Life Design

[Lifelong Workin + Lebensgestaltung]

Die junge Generation wird heute oft zu Unrecht verurteilt. Ich kenne so viele junge Menschen einschließlich meiner eigenen Söhne, die ausgesprochen motiviert und positiv gegenüber Arbeiten und dem Leben generell eingestellt sind. Life Design halte ich unabhängig von Generationen einen wesentlichen Bestandteil erfüllten Lebens. Wie viele meiner Generation der Babyboomer haben eine ähnliche Einstellung wie ich, viele aber auch nicht. Und so unterschiedlich kann das auch bei jungen Menschen sein - deshalb haben wir weder das Recht, zu pauschalisieren noch zu verurteilen. Besser ist, unser Leben selbst so zu gestalten, dass wir zufrieden sind. Verurteilungen und Einmischungen sind, so auch meine eigenen Learnings im Leben, vollkommen unnötig und vielmehr wenig hilfreich. Zu positiver Lebensgestaltung heute zählt für mich jedoch mehr denn je die ökonomische Komponente und das Erzielen sozialer Gerechtigkeit. In einer Ära, wo immer mehr Erbe und Schenkungen fließen und bekannt ist, dass nur noch die wenigsten aus ihrem Erwerbseinkommen das eigene Leben überhaupt finanzieren können, wird diese ökonomische Komponenten sogar brisant. Doch zu Life Design gehören zunehmend wie hier im Buch schon in anderen Topics beschrieben die gesunde Lebens- und Selbstführung sowie gesunder Umgang mit Stress und Zuviel. Erst wenn diese Komponenten der ökonomischen hinzugefügt werden, können wir im Leben oder Unternehmen lernen, mit uns und unserer Umgebung gut klarzukommen. Dabei werden nicht nur unsere eigenen Ressourcen und Potenziale besser und ressourcenschonender genutzt, wir entwickeln einen guten Flow in unserer weiteren Entwicklung: durch Reduktion und gesundem Umgang mit Stress verhindern wir Burnout und erzielen anstatt dessen Flow und Resilienz. Durch gezielte Handlungsansätze für Life Design entwickeln wir (Selbst-)Motivation und individuelle Handlungs-Strategien für unsere ständige positive Weiterentwicklung. Dazu gehören auch der Umgang mit Krisen, Scheitern, Hinfallen, Traumatisierung und Trauer um verlorenes Leben. Life Design ist ein Ansatz von positiver Lebensgestaltung, uns ganz als Menschen zu entwickeln und uns voll ins Leben zu stellen.

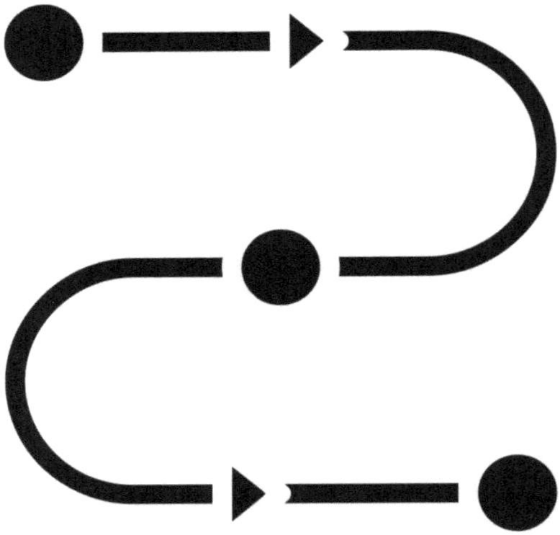

Lifetime Models

[Lebensabschnitte + Finanzen]

Wo Langlebigkeit und demografischer Wandel klarer Fakt sind, habe ich vor einigen Jahren eine neue Form der Altersvorsorge entwickelt, indem ich in Lebensphasen einteile und in individuelle Lebensgestaltung einzelner Phasen, die wiederum die individuellen finanziellen Ziele in der Zukunft berechnen und darstellen sollen. Altersvorsorge ist für mich eine vollkommen von Lobbyismus befreite Denk- und Rechenweise. Wir sind in Deutschland dominiert von Lobbyisten aus Versicherungs- und Finanzwirtschaft, die produktbezogene Altersvorsorge anbieten. Die wenigen Honorarberater in diesen Bereichen konnten sich genausowenig durchsetzen in ihrer Akzeptanz wie sonstige unabhängige Berater für Altersvorsorge. Die wenigen, die es gibt, haben genug zu tun, sind aber wenig öffentlich sichtbar. Meine Herangehensweise ist die Einteilung in Lebensabschnitte, in denen jeweils unterschiedliche Motive, Ziele und Gestaltungen des Lebens (Life Design) bestehen. Diese Phasen zu berechnen in ihren jeweiligen Zeiträumen ist der Ausgangspunkt dafür, eine oder mehrere Zeitpunkte in der Zukunft (Altersvorsorge) zu berücksichtigen und berechnen. Diese Lebensphasen-Modellierung halte ich deshalb für wichtig, weil immer mehr Menschen, insbesondere die junge Generation, zurecht eine auf ihre Bedürfnisse hin ausgerichtete Gestaltung von Arbeits- und Lebenszeit verbinden wollen. Ziel eines solchen lebensphasenbezogenen Rechnens ist, eine Art von Finanzplanung, die auf finanzmathematischer Basis ausgerichtet ist, und die die jeweiligen monatlichen Beträge, die in den Phasen unterschiedlich hoch sind, hochgerechnet werden bezogen auf einen Zeitpunkt X, der in der Zukunft liegt (Altersvorsorge mit individuellen Renteneintrittsaltern gerechnet). Dies ermöglicht, Wünsche auch im Hinblick auf Arbeitspausen für Sabbaticals, Kinderpausen, Weltreisen, früherer oder späterer Renteneintritt und sonstige Geldpausen zu berücksichtigen. In Zeitwertkonten kann das nicht so umfangreich berücksichtigt werden. Mein Ansatz berücksichtigt finanzmathematisch unterschiedliche Zu- und Abfluss-Beträge in den einzelnen Phasen. Ziel ist die Klarheit über die Investitionshöhe im jeweiligen Lebensabschnitt. im Hinblick auf den Bedarf in der Zukunft.

Economy for Future

[Ökonomie + Existenz]

Wie können Menschen heute motiviert werden, um zu arbeiten, wenn sie entweder kein Geld benötigen oder wenn das Gehalt nicht ausreicht, um weder Existenz noch Altersvorsorge zu bedienen? Dieser Frage gehe ich in Economy for Future nach, wenn es darum geht, nachhaltig Existenz zu sichern. Dazu habe ich Berechnungen gemacht, die hier ausführlich nachgelesen können.[1] Die Zusammenhänge von Gehältern und Altersvorsorge sowie Ansparmöglichkeiten für "später" liegen klar auf der Hand. Was immer wichtig ist, finanzmathematisch zu rechnen, um Inflation, Rendite von Geldanlagen usw. miteinzubeziehen, weil ansonsten die Szenarien nicht richtig dargestellt sind. Ich habe eine 30-jährige Person fiktiv berechnet und so gestellt, als hätte sie monatliches Gehalt von 2.850 € und habe Szenario-Berechnungen gemacht. Einmal als ob genau dieser Betrag auch im Alter voll zur Verfügung stehen müsste und einmal nur in Höhe von 1.000 €, weil der Rest mit gesetzlicher Rente gedeckt wird. Infos zur Grundlage der Berechnungen: Alter 30, Renteneintritt 67. Lebensjahr, vorschüssige Berechnung, Future Value Berechnungen mit angenommener Inflationsrate von 4 % p.a., angenommene Rendite des Investments (ETF, Aktienfonds o.ä.) von 5,12 % Effektivzins p.a., Rente ab 67 bis 93. Lebensjahr (Rente mit Kapitalverzehr vollständig), Present Value 2.850 €/heutiger Bedarf monatlich, der dem aktuellen fiktiven Nettogehalt unserer fiktiven 30-jährigen Person entspricht. In beiden Fällen hat die Person jedoch bei diesem Netto-Gehalt bereits keinerlei Möglichkeit mehr, etwas zurückzulegen, da alles für die Kosten für die Lebenshaltung verbraucht werden müssen. Der Kapitalbedarf, der sich allerdings ergäbe, wenn genau dieser Betrag 2.850 € oder nur 1.000 € ab Alter 67 vonnöten wäre, ist so hoch, dass es in beiden Fällen nicht machbar ist ohne weitere Geldzuflüsse im Laufe eines Lebens. Konkret bedeutet das, dass wir als Gesellschaft eine hohe Verantwortung für die ökonomische Grundlage der Menschen haben. Die Lösungsansätze sind so hochkomplex, dass sie den Rahmen hier sprengen. Wir stehen jedoch als Gesellschaft in der Verantwortungsökonomie. Falsche Egoismen sind absolut fehl am Platz.

Wohnen

[Lebensphasen-bezogenes Wohnen + Flexibilität]

Alles ändert sich immer schneller, und die einzige Antwort darauf ist die adaptiv-situative Anpassung dazu. Egal ob Mitarbeitergewinnung, Wohnen, Schule, Mobilität, Erziehung, Gesundheit, Wohlstand, Wirtschaft und dergleichen mehr - Veränderung ist angesagt. So habe ich als ehemalige Baurechtsexpertin auch über Innovation beim Bauen und zu anderen Themen Einiges geschrieben.
Meine Antworten darauf sind für meine Fans seit langem bekannt
- Reduktion in allen Bereichen
- strategische Innovation in allen Bereichen
- Future Thinking als Lernfach und Fähigkeit für antizipiertes Denken.

Zurück zum Bauen und der Verbindung zur Innovation und Zukunftsgestaltung:
Klimawandel, wohin wir schauen. In heutigen Hochtemperatur-Zeiten und Bauprojekten, die Investoren dienen, können wir nur noch benennen, was eigentlich Zukunft bedeutet: Reduktion. Back to the roots. Ob wir zum Bauen, zur Architektur der Zukunft oder welchem Thema auch immer wir schauen: wir MÜSSEN UMDENKEN, WENN WIR ALS MENSCHEN ÜBERLEBEN WOLLEN. Das gilt für alles.
Meine persönliche Prognose schon seit den 1990er Jahren ist die völlige Neuausrichtung nicht nur beim Wohnen, sondern bei vielen anderen Bereichen, unter anderem von Bildung, Mitarbeiterbeteiligung, Ressourcen-Umgang und vielem mehr. Denn: Die heutigen millionenschweren Immobilien werden ohne Bezug zu Naturmaterial nicht mehr wirklich gutes Leben bieten können. Sie dienen ausschließlich den Kapitalanlegern, nicht den zukünftigen Bewohnern.
Der Klimawandel zwingt uns, zurück zum Ursprung zu gehen.
Meine kurzen Ideabooks aus dem Jahr 2016 bei Houzz[1] als Antwort auf den Klimawandel hier und heute nochmals veröffentlicht.
Wohnen im Jahr 2022 ist teurer als jemals zuvor. Doch Wohnen bedeutet Bedienen unserer Grundbedürfnisse. Wohnen bedeutet, Überhitzung zu vermeiden und ätzende Niederschläge aushalten zu können.
Wohnen ist Zukunft gestalten. Wohnen ist, Mitarbeiterkonzepte zu bieten, die ein Zuhause ermöglichen.

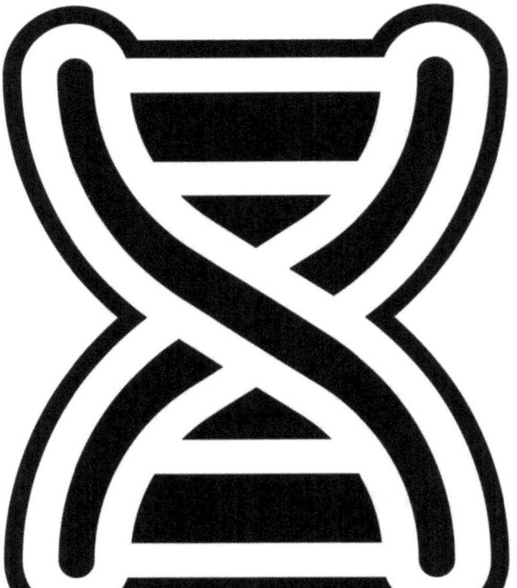

Telomerase

[DNA + Startbedingungen für Lifelong Learning & Working]

Die Telomer-Forschung ist eine der interessantesten Forschungen der Neuzeit für mich. Ich beschäftige mich seit langem damit und ich könnte mich ewig damit beschäftigen. Diese Forschung halte ich für eine der relevantesten Grundlagen, wenn es um die Gestaltung sozialen Friedens und um die Gestaltung eines guten und positiven Lebens geht. Telomere sitzen auf den Enden unserer Chromosomen, vergleichbar mit Plastikschutzkappen an den Enden von Schnürsenkeln oder von Fingernägeln an den Enden unserer Finger. Telomere sorgen dafür, dass unser Erbgut das ganze Leben lang unbeschadet bleibt. Die neueste Erkenntnis[1] aus 20 Jahren Forschungsarbeit haben die Wissenschaftlerinnen Blackburn und Epel gewonnen und damit herausgefunden, dass sich Telomere im Lauf unseres Lebens verkürzen. Dadurch werden unsere Zellalterung sowie Krankheiten wie Demenz, Diabetes und Krebs befördert. Weitere entscheidende Erkenntnis ist, dass die Länge der Telomere nicht nur durch unsere Gene beeinflusst ist, sondern durch die Telomerase, ein Enzym, das die Telomere ständig erneuert. Auf diese Produktion des Enzyms Telomerase nehmen wir mit unserer Lebensweise (Life Design) Einfluss: eine gezielte Kombination ausgewogener Ernährung, einem positiven sozialen Umfeld sowie eine gute Kombination aus Schlaf und Bewegung können sowohl unser biologisches Altern senken als auch die Gesundheitsspanne verlängern, in der wir krankheitsfrei bleiben. Angesichts drohender Kollapse unserer Gesundheits- und Pflegesysteme dank Mitarbeitermangel tragen die Telomer-Forschung und die Erkenntnisse daraus einen wesentlichen Beitrag für ein gesundes und langes Leben bei. Meine Systematik für die Gestaltung neuer Altersvorsorge, die Life Management mit Life Design durch Reduktion, Potenzialentwicklung und lebenslangem Arbeiten[2] ausmacht, wird durch die Telomer-Forschung sowie die Erkenntnisse aus der Neurogenese nachhaltig gestützt. Wir nehmen Einfluss auf unser Leben durch eine bewusste und ausgewogene Lebensweise. Daher ist Altersvorsorge heute erst recht insbesondere Prävention für ein gesundes Leben, in dem wir idealerweise lange aktiv bleiben können.

Mikrobiom

[Darm + Gesundheit]

Wenn wir gesellschaftliche und wirtschaftliche Transformation bewältigen wollen, benötigen wir nicht nur das Wissen, wie wir Innovation entstehen lassen und Veränderungsprozesse gestalten. Wir brauchen ebenso das Wissen, wie der Mensch selbst sich verändert und welche Forschung uns in unseren eigenen Veränderungsprozessen sinnvoll unterstützen kann. Allen voran sehe ich seit langem die Neurogenese, also die spannenden Zusammenhänge unserer Beweglichkeit des Gehirns, der sogenannten Plastizität des Gehirns. Als nächstes spannendes und wertvolles Forschungsgebiet ist die Telomer-Forschung, die die Einflüsse auf unsere Zellalterung, die in Verbindung steht mit den Telomeren, den Schutzkappen unserer Chromosomen. Dann gilt es, sich mit unserem Darm-Mikrobiom auseinanderzusetzen, dem eine viel höhere Bedeutung[1] zukommt als bisher angenommen: für das Gehirn, chronische Krankheiten und vieles mehr. Das Darm-Mikrobiom wird heute als vollkommen eigenständiges Organ des menschlichen Organismus angesehen und ist gesundheitsrelevant. Früher auch als "Darm-Flora" benannt, ist das Darm-Mikrobiom aus vielen Milliarden Bakterien, die sich in unserem Verdauungstrakt in Bakterien-Communities entwickeln. Jedes Darm-Mikrobiom ist bei jedem Individuum einzigartig und verändert sich im gesamten Lauf des Lebens. Sein Gleichgewicht ist für die Gesundheit sehr wichtig. In einer Zeit, in der Mitarbeitermangel sich bald auf alle Bereiche unserer Gesellschaft auswirken wird, kann auch unser Gesundheitssystem vielleicht irgendwann die präventiv verhinderbaren Krankheiten nicht mehr im ausreichenden Maß versorgen. Nicht nur deshalb ist es umso wichtiger, uns mit all dem Wissen, das uns zur Verfügung steht, zu wappnen und uns entsprechend zu verhalten. Das Mikrobiom steht beispielsweise mit seiner Barrierewirkung, vorausgesetzt es ist intakt, gegenüber schädlichen Krankheiten als wichtiger Faktor für ein gesundes Leben. Zugleich hat es immensen Einfluss auf unser Immunsystem. Die Zielrichtung unseres Lebens, um gesund zu bleiben und unmittelbar darauf Einfluss zu nehmen, heißt, Wissen zu Telomer-Forschung, Neurogenese und Mikrobiom zu haben.

Verantwortung

[Mut + Selbststeuerung]

SELBSTREFLEXION bedeutet zukünftig selbst reflektieren können - und dabei nicht ständig auf andere angewiesen zu sein. Wenn wir nicht nur angesichts des extremen Mitarbeitermangels uns der Realität stellen, heißt dies konkret, uns zukünftig unserer Selbstbestimmung durch Selbstreflexion, Selbstverantwortung und entsprechender Prävention zu widmen. Egal wohin wir schauen, sehen wir den Mangel: Personalmangel, wohin wir schauen. Im Gesundheitswesen, in der Pflege und somit bei der Thematik Alter, Demenz und Krankheit. Aber nicht nur da ist das Thema Selbstverantwortung anstatt Vollkasko-Mentalität relevant. Selbstmanagement ist das gesamte Leben, das ein selbstbestimmtes Navigieren durchs Leben erst ermöglicht. In einer gelebten SELBSTVERANTWORTUNG, die zuerst die Fähigkeit, für sich selbst Verantwortung zu übernehmen, stärkt. Dazu gehört auch die Fähigkeit der SELBSTORGANISATION, die Fähigkeit herauszufinden, was ich und was wir tatsächlich brauchen, um in hoher Eigenverantwortlichkeit Projekte zu planen, durchzuführen und zu organisieren, nicht was vorgegeben ist, und was es noch gar nicht gibt. Dazu gehören eine SELBSTSTEUERUNG, die eigenständig navigieren kann. Dies kann man lernen, man muss sich jedoch damit befassen, welche Voraussetzungen hierfür erforderlich sind. SELBSTMANAGEMENT ist wie LIFE MANAGEMENT eine bewusste Steuerung und Navigation durchs eigene Leben, das Krisen und Hindernisse ebenso einbezieht und überwinden lässt. Ohne Verantwortung für das Selbst jedoch wird es ein Verrat am Selbst, der durch fehlenden Selbstbezug Autonomie nicht ermöglicht. Durch Zugang zu unserem Unbewussten ist Selbstmanagement die einfachste Möglichkeit, Ziele zu erreichen[1] und auch Krisen zu überwinden[2]. Wenn wir lernen, unsere eigenen Ressourcen einzusetzen, sind wir weder hilflos noch ausgeliefert, da wir Selbstmacht entwickeln. Eine so entwickelte Selbstmacht lässt Verantwortung durch Autonomie zu anstatt Verrat am Selbst und der Abgabe von Verantwortung.[3]

Handwerker-Mangel

[Kreativität + Handwerk & Akzeptanz]

"„Immer mehr Unternehmen müssen ihre Geschäfte einschränken, weil sie einfach nicht genug Personal finden“, sagt Stefan Sauer, Arbeitsmarktexperte am ifo Institut. „Mittel- und langfristig dürfte dieses Problem noch schwerwiegender werden.“" (Quelle: Pressemitteilung - 2. August 2022, ifo Institut). Wenn wir jetzt einmal weiter denken, wird uns klar, dass das Mitarbeiter-Vakuum nicht mehr nur in unternehmerische Belange eingreift, sondern auch in unser aller Privatleben, vielleicht noch nicht aktuell sichtbar, aber mittel- bis langfristig. Business Welt trifft Privatleben und die Gestaltung von Lebenszeit (Lifetime Design). Warum? Stellen wir uns das einmal bildlich als ein fiktives Zukunftsszenario vor: es gibt keine Handwerker und Mitarbeiter mehr, zumindest nicht mehr genügend.

Szenario 1: Sie haben mehrere Immobilien, die Sie vermietet haben. Laufende Reparaturen können nicht mehr zeitnah erfolgen. Mieter werden ggfs. reklamieren oder Mietminderung fordern, wenn dies zu lange dauert.

Szenario 2: Sie wollen einen Friseurtermin ausmachen bei einem neuen Friseur. Sie müssen 3 Monate warten, weil nur noch Stammkunden bedient werden. Dieses Szenario hatte ich tatsächlich selbst schon erlebt.

Szenario 3: Sie haben einen Gastro-Betrieb, der bereits stark während der Lockdowns während Corona stark gelitten hat, Personal ist zudem abgewandert. Dieses Personal ist größtenteils nicht mehr zurückgekommen, weil es gemerkt hat, dass in anderen Branchen besser bezahlt wird und bessere Rahmenbedingungen herrschen. Sie öffnen Ihre Gastronomie nur noch 3 Tage die Woche, meistens am Wochenende.

Fazit: nicht nur das Business Development in Unternehmen ist massiv davon betroffen, wenn Mitarbeiter fehlen. Dieses Phänomen greift in unser aller Leben ein. Dies erfordert, neue Wege zu gehen und auch unmögliche Szenarien zu transformieren in Möglichkeiten, die durchführbar sind. Diese Entwicklung braucht Zeit, die man sich nimmt.

Ältere Mitarbeiter

[Realität + Statistik]

Statistiker auf Erklärungssuche: Warum immer mehr ältere Menschen arbeiten. Vielleicht wird das Herbeisehnen der Rente, "um endlich ein erfülltes Leben zu führen", zukünftig weniger häufig vorkommen.
Wenn wir nicht im Dauerstress, sondern mit gutem Flow arbeiten können, wird es eher erfüllend sein, arbeiten zu dürfen. Ich persönlich sehe Arbeiten in Balance und Anwendung des eigenen Potenzials sogar als lebenslange Verpflichtung an. In welcher Form auch immer, ist dabei egal. Und wenn man sich dem Thema Neurogenese und der Plastizität unseres Gehirns gewidmet hat, weiß man, dass diese auch durch zufriedenstellende Tätigkeiten entstehen kann, mit einem Nebeneffekt des Anti-Aging, Resilienz und hohem Gefühl von Selbstwirksamkeit. Nun kommt der in meinem Lifelong Working Konzept, das beim Ersten Deutschen Erfinderinnenpreis 2017 nominiert wurde, bereits benannte Trend zu lebenslangem Arbeiten, auch statistisch Futter. Das Deutsche Institut für Altersvorsorge hat Zahlen veröffentlicht, die diese Zahlen zunehmend belegen. Hier wird neben dem ansteigenden gesetzlichen Renteneintrittsalter auch in einem allgemein höheren Bildungsniveau ausgegangen, das zu einer längeren Beschäftigung von älteren Mitarbeitern ausgeht. "So waren 2020 hochqualifizierte 60- bis 64-Jährige mit 72 Prozent stärker am Erwerbsleben beteiligt als Geringqualifizierte (47 Prozent). Zudem sind Unternehmen bestrebt, ältere Fachkräfte länger im Betrieb zu halten. Aber es kann auch finanzielle Motive für ein längeres Erwerbsleben geben oder den Wunsch, länger am gesellschaftlichen Leben teilzuhaben."(DIA, 2022) Wo Hinzuverdienstgrenzen auch bei vorgezogenem Renteneintritt fallen, wird längeres Arbeiten positivere Anreize schaffen und indirekt das Thema Lifelong Working ermöglichen. Viele wollen, viele müssen, viele können sich das vorstellen. Einen gewichtigen Grund, ältere Mitarbeiter im Unternehmen zu behalten, gibt es noch: wo eine Erbengeneration bereits heute weiß, was sie einmal an Immobilien und sonstigem Vermögen erben wird, kann deren motivationalen Gründe für Arbeiten heute noch nicht wirklich erfassen. Wo Geld keine Rolle mehr spielt für Immobilienfinanzierung, erhalten Gehälter einen neuen Stellenwert.

Multi-Potenzial-Training

[Multi-Intelligenz + Entwicklung]

Das hört sich zunächst fremd an, weil wir es nicht gewohnt sind, in Multi-Potenzialtraining zu denken und zu trainieren. Wir sind bisher eher gewohnt, Mittelmaß zu akzeptieren und darüber hinaus lieber nicht aufzufallen. Doch all diese Konzepte des Mittelmaßes, das ich für eine selbst gewählte Selbstbegrenzung der eigenen Möglichkeiten betrachte, funktionieren zukünftig ohnehin nicht mehr. Wir benötigen gerade in einer Ära, wo Mitarbeiter fehlen, weil wir einen demografischen Wandel extremen Ausmaßes haben, eine Möglichkeit, dies zu gestalten. Wenn wir trainiert sind in unterschiedlichen Potenzialen, können wir mehr Tätigkeiten abdecken, die wir bisher vielleicht delegiert haben oder einfach nicht gemacht haben. Multi-Potenzial zu trainieren heißt, die Multi-Intelligenz zu fördern. Multi-Intelligenz, auch Mental Faculties genannt, ist die selektive Ausprägung unserer unterschiedlichen Kapazitäten. Gardner bespricht diese multiple Intelligenz als sprachliche, logisch-mathematische, musische, körperlich-bewegungsmäßige, räumliche interpersonal und intrapersonale Intelligenz. Erziehung sollte darauf abzielen, dies zu fördern. Dabei geht es aber auch, nicht nur die eigenen Anlagen, sondern Dinge mit WOLLENDEM ÜBEN als erlernte Fähigkeit zu erwerben. Die Rahmenbedingungen für das WOLLEN müssen dafür hergestellt werden. Wie immer gilt: ohne Druck, denn mit Druck werden Wollen, Motivation und Ziele zerstört. Um es auch im Sinne von Goleman zu wiederholen: Weiterkommen die Menschen, die nicht nur denken, sondern emotional erfassen können, also mit emotionaler Intelligenz an die Dinge herangehen. Insoweit ist das Zukunftsprojekt für die Gesellschaft, multiple Intelligenz zu trainieren, anstatt weiterhin wie bisher auf Monokultur anstatt Vielfalt zu setzen. Ich habe das Konzept der Multi-Potenziale oder Multi-Intelligenz in meinem Satellite Core Modell[1] integriert. Wenn Multi-Potenziale trainiert werden, ist vor allem wichtig: Nacheinander zu trainieren, dabei niemals Multi-Tasking zu machen, und gute Rahmenbedingungen und regelmäßige Zeit für die Entwicklung der Potenziale zu schaffen. Das Argument "Wir haben keine Zeit dafür" ist überholt und rächt sich in der Zukunft, weil Entwicklung versäumt wurde.

Essenz = ONE

Essenz erzeugen

[Reduktion + Entwicklung von Essenz = ONE]

Dieses Buch beschreibt Phänomene. Reduktion als Grundlage von Vielfalt, aus der Innovation erst entwickelt werden kann. Dafür benötigt es viel Zeit und idealerweise lebenslanges Arbeiten und Lernen, wobei das Arbeiten bezogen ist auf Aktivität ein Leben lang, um unser neuronales Netz fit und vernetzt zu halten. In einer Konsumwelt jedoch unmöglich, die Essenz und die Beschränkung auf wesentliche Informationen nicht kennt. Auch hier wird ein Umdenken und Umlernen (Breaking-the-Rules; Unlearning) zwingend erforderlich hin zu einem strategischen Reduktionsmanagement für jedermann und jedefrau. Reduktionsmanagement benenne ich symbolisch als "Glück ist Knäckebrot", das nicht 'Weniger ist mehr' impliziert als positiven Lebensgewinn, sondern den sinnvollen Umgang mit Komplexität und Zuviel. Reduktion als Grundlage erzeugt erst Qualität. Der Zeiteinsatz hierfür ist jedoch erforderlich. Je schneller die Geschwindigkeit der Anpassung wird, umso mehr Zeit sollten wir uns nehmen. Im Anhang habe ich das in einer Wachstumsformel beschrieben. Zukünftiges Wachstum wird durch Qualität erzeugt. Qualität kommt durch fortgebildete Mitarbeiter. Deshalb sehe ich auch die 'speed of implementation' nur in direktem Zusammenhang mit einem Innovationsfaktor, der direkt aus der Innovationskraft der geschulten Mitarbeiter erfolgt. Dafür habe ich dieses Buch geschrieben. Dazu gehören Topics zu den Phänomenen und die Rahmenbedinungen für diesen 'Design of Change', der von uns allen zu gestalten ist. Wer Reduktion als Grundlage dafür schafft, schafft die Grundlage für Essenz (ONE). Ich sehe das wie bei einem chemischen Reduktions-Vorgang: aus mehr wird zunächst weniger, es wird dann aus der Umwelt etwas dazugeholt und absorbiert. Reduktion ist eine Reaktion, bei der ein ein- oder mehratomiges Teilchen Ox ein oder mehrere Elektronen aufnimmt. Dabei bildet sich das Teilchen Red: $Ox + ne^- \rightarrow Red$. Übertragen heißt dies, Reduktion schafft durch Hinzunahme von Vielfalt erst Essenz. Daraus können Innovation & Wachstum entstehen, es entsteht Anpassungs-Geschwindigkeit, die durch einen hohen Innovationsgrad exzellente Produkte, Services und Output = ONE erzeugt.

ONE

ONE

[Entwicklung + Essenz]

ONE habe ich das Ergebnis eines Weges und Entwicklungsprozesses in meiner Entwicklungs-Formel für Innovation 1+4=ONE benannt. Diese Formel kann auf alle Prozesse und Entwicklungen übertragen werden. Wo in einer Welt der Komplexität sinnvoll Lösungen entwickelt werden, benötigen wir eine Herangehensweise, die den Menschen in seinem So-Sein einbezieht und als Ergebnis von Prozessen Essenz erzeugt wurde. ONE steht daher für Output, Ergebnis, Werk, Essenz, Einheit, Integrität und Ungeteiltheit. ONE als Ergebnis auch eines Lebensweges. Wer Lifelong Working für sich so verstehen kann, dass es ein lebenslanger Entwicklungsprozess ist, bei dem man das eigene Potenzial einbringt und daraus etwas schafft, das auch anderen Menschen etwas bringt, dann kennen wir das unter dem Begriff des Lebenswerkes. Ich nenne Lebenswerk ONE. Es ist die Essenz, die aus gelebtem Leben und aus Persönlichkeits- und Potenzialentwicklung entstanden ist unter Einhaltung der Erfolgsgesetze aus diesem Buch. ONE ist das Resultat von Einheit, Transformation und ständiger Entwicklung. Essenz entsteht, wenn Reduktion von Komplexität erfolgte, um daraus strukturierte Vielfalt zu entwickeln. Vielfalt gefiltert nach der 1+4=ONE-Formel unter laufender Entwicklung und innovativer Gestaltungsprozesse erst ermöglicht Essenz, also das Wesentliche. In diesem Buch habe ich die 5 Phänomene beschrieben, mit jeweils 15 Topics, die ich als die relevanten Erfolgsgesetze der Zukunft ansehe. Wo Komplexität und Zuviel vorhanden sind, bedarf es einer strukturierten Gestaltung von Lösungswegen, die Essenz als Resultat erzielen muss. Um Wachstum und Fortschritt zu schaffen, bedarf es der Erkenntnis, dass wir uns alle einbringen müssen auf unterschiedlichen Ebenen. Der aktuelle Nobelpreis der Physik 2022 brachte die Erkenntnis in bahnbrechenden Experimenten, dass selbst getrennte Quanten sich wie EINS verhalten. Im Sinne meiner ONE-Entwicklung angewandt, können wir übertragen, dass Einheit immer besteht, selbst wenn die Lösung modular oder in getrennten Bestandteilen bestehen. Gesellschaftlich übertragen hieße dies, dass wir alle ungetrennt voneinander und als Einheit verbunden sind.

Nach Wort

SABINE HAUSWIRTH

DAS UNMÖGLICHE MÖGLICH ZU MACHEN IST EINE AUFGABE

Doch dazu benötigen wir Mut, indem wir unsere Komfortzonen verlassen, sowie ökonomisches Gleichgewicht und gleichwertige Bildung für alle herstellen.

Wo ökonomische Ungleichgewichte in mehrdimensionaler Größe vorkommen, wird der Mensch in seinem Gerechtigkeitsgehirn daran erinnert, dass da etwas nicht gut läuft.

Das kann zu Aggression, Neid, Depressionen und im weniger schlimmen Fall zu Gleichgültigkeit und Demotivation führen.

Im absoluten Worst Case jedoch kommt es zu einem gesellschaftlichen Aufstand in Form von Bürgerkrieg oder dem Ruf nach einem Diktator.

Die Zahnpasta aufs Fahrrad zu bekommen ist möglich.

WENN DU
UNMÖGLICHES
DENKBAR WERDEN
LÄSST.

01

QUELLEN/ PHÄNOMENE

05

Phänomen 1

01

Integration
[1] Daniel J. Siegel, Das achtsame Gehirn, 2010, Arbor Verlag, S. 295
[2] A. H. Almaas, Essentielle Befreiung, 1999, Arbor Verlag, S. 113
[3] Daniel J. Siegel, Das achtsame Gehirn, 2010, Arbor Verlag, S. 295
Vergangenheitsbewältigung
[1] Ruppert Franz, (2018). Wer bin Ich in einer traumatisierten Gesellschaft. Wie Täter-Opfer-Dynamiken unser Leben bestimmen und wie wir uns daraus befreien. Stuttgart: Klett-Cotta Verlag., Prof. Dr. Franz Ruppert - Psychologischer Psychotherapeut - Professor für Psychologie, https://www.franz-ruppert.de/
[2] deMause, L. (Hg.) (1980). Hört ihr die Kinder weinen. Eine psychogenetische Geschichte der Kindheit. Frankfurt/M.: Suhrkamp Verlag.
[3] ebenda
Digital Detox
[1] Spitzer Digitale Demenz, Manfred, Wie wir uns und unsere Kinder um den Verstand bringen , 2012 , Droehmer Verlag
[2] ebenda
[3] Daniel J. Siegel, Das achtsame Gehirn, 2010, Arbor Verlag
Strudelkrautzwirn
[1] Mareen Weber, Cristian Webb, Sophie Deldonno, Maia Kippman, Zachary Schwab, Melissa Weiner, William Killgore, „Journal of Sleep Research 22 (2013), S. 527-534
[2] Arianna Huffington , „Die Neuerfindung des Erfolgs", Rieman/Random House GmbH, 2014, S. 85
Natur
[1] Max-Planck-Gesellschaft, Online-Publikation, 5,9.2022: Studie Sonja Sudimac, Lise-Meitner-Gruppe Umweltneurowissenschaften, https://www.mpg.de/19179857/0906-bild-wie-beeinflusst-die-natur-das-gehirn-149835-x; Online-Publikation, 4.10.2017: MRT-Studie https://www.mpib-berlin.mpg.de/pressemeldungen/zusammenhang-zwischen-natur-und-hirngesundheit?c=58887
[2] Originalstudie:
Kühn, S., Düzel, S., Eibich, P., Krekel, C., Wüstemann, H., Kolbe, J., Mårtensson, J., Goebel, J., Gallinat, J., Wagner, G. G., & Lindenberger, U. (2017). In search of features that constitute an "enriched environment" in humans: Associations between geographical properties and brain structure. Scientific Reports, 7:11920. doi:10.1038/s41598-017-12046-7
Berliner Altersstudie II (BASE-II)
Die Berliner Altersstudie II (BASE-II) führt die Berliner Altersstudie (BASE) aus den 1990er-Jahren fort. An der Studie sind Psychologen, Sozial- und Wirtschaftswissenschaftler sowie Mediziner und Genetiker beteiligt. Gemeinsam wollen sie herausfinden, welche Faktoren dazu beitragen, dass Menschen möglichst gesund älter werden. Zu den beteiligten Forschungseinrichtungen zählen die Charité Universitätsmedizin Berlin, das Max-Planck-Institut für Bildungsforschung, das Max-Planck-Institut für molekulare Genetik, das Sozio-oekonomische Panel (SOEP) im DIW Berlin sowie das Zentrum für Medizinische Forschung der Universität Tübingen. BASE-II wurde durch das Bundesministerium für Bildung und Forschung gefördert.
Dauerstress
[1] Mazen Kheirbek und René Hen, Zu viel Gespür für Gefahr, Neurogenese als Panikbremse, Gehirn undGeist, Ausgabe 10/2015, S. 48 ff. ; Daniel J. Siegel, Das achtsame Gehirn, Arbor Verlag
[2] Sabine Hauswirth, Reduktionsintelligenz-Training 2016, Natur-Kinetik-Übungen
Feierabend
[1] Christoph Drösser, Wie wir Deutschen ticken, YouGov, Edel Books, Edel Germany GmbH, 2015

Phänomen 1

01

Lernen mit Emotion

[1] Die Psychologen Bernice Eiduson, Robert Boot-Bernstein, Maurine Bernstein, Helen Garnier analysierten Test-Daten zu unterschiedlichen Wissenschaftlern: die Produktivsten waren die, die aufgrund ständiger Wechsel ihrer Schwerpunkte und immerwährend gleichzeitiger unterschiedlicher Forschungsgebiete ausgesprochen erfolgreich waren; Anmerkung der Autorin: wobei produktiv nicht unbedingt erfolgreich sein muss, siehe Prolog am Anfang des Buches.

[2] Das Satellite Core Modell, Sabine Hauswirth, 2017, sieht ganz bewusst das Training mehrerer Potenziale vor, nacheinander trainiert und nicht im Multitasking-Prinzip. Dabei werden Körpersignale und Emotionen zusätzlich berücksichtigt, um das Modell ganz effektiv und effizient auch als Entwicklungs-Modell einzusetzen

[3] Maja Storch, „Das Geheimnis kluger Entscheidungen", S. 56, Selbstregulations-Modus versus Selbstkontroll-Modus

Unlearning

[1] VUCA „ist ein Akronym für die englischen Begriffe
volatility ‚Volatilität' (Unbeständigkeit),
uncertainty ‚Unsicherheit',
complexity ‚Komplexität' und
ambiguity ‚Mehrdeutigkeit'.
[Quelle: Wikipedia, VUCA, https://de.wikipedia.org/wiki/VUCA]

[2] Walter Mischel, Der Marshmallow Test – Willensstärke, Belohnungsaufschub und die Entwicklung der Persönlichkeit - , 2015 Siedler Verlag, S. 52

Persönlichkeit

[1] Maja Storch, Julius Kuhl, Die Kraft aus dem Selbst, 2013, Verlag Hans Huber, Hogrefe AG, Bern, S. 39

[2] Ebda.

[3] Arno Gruen, Der Verrat am Selbst. Die Angst vor Autonomie bei Mann und Frau, 1986, dtv, München

Bindung

[1] Kohn, A. Mit vereinten Kräften. Warum Kooperation der Konkurrenz überlegen ist. Weinheim: Beltz Verlag, 1989

[2] De Waal, Franz, Der Mensch, der Bonobo und die Zehn Gebote: Moral ist älter als Religion, Klett-Cotta; 3. Edition, 2015

[3] Milzner, G. , Wir sind überall, nur nicht bei uns. Leben im Zeitalter des Selbstverlusts. Weinheim: Beltz Verlag., 2017

Phänomen 2

02

Training der Vielfalt

[1] Gehirn & Geist 04-2017, S. 52 ff.
[2] ebenda
[3] Task-Switching-Experiment, Shelley Carson (Psychologin), in: P.M. 03-2016, S. 27
[4] Die Psychologin Bluma Zeigarnik entdeckte in den 1920er Jahren an der Universität den „Zeigarnik-Effekt“: Er besagt, dass uns Unerledigtes eher im Gedächtnis bleibt als Abgeschlossenes; manche stresst das – durch Aufschreiben des noch Unerledigten kann das Unterbewusstsein beruhigt werden, das schlechte Gewissen sozusagen „ausgelagert“ werden; P.M. 03-2016
[5] Die Psychologen Bernice Eiduson, Robert Boot-Bernstein, Maurine Bernstein, Helen Garnier analysierten Test-Daten zu unterschiedlichen Wissenschaftlern: die Produktivsten waren die, die aufgrund ständiger Wechsel ihrer Schwerpunkte und immerwährend gleichzeitiger unterschiedlicher Forschungsgebiete ausgesprochen erfolgreich waren; Anmerkung der Autorin: wobei produktiv nicht unbedingt erfolgreich sein muss im gesellschaftlichen Sinne von „Geld, Status, Macht“

Armutsbeseitigung

[1] John D.E. Gabrieli und Silvia A. Bunger in: Gehirn + Geist 48, 09_2017, „Die neuronalen Spuren der Armut“
[2] Zum Konzept der erlernten Hilflosigkeit haben Seligman, Abramson et al. (1978), Miller and Norman (1979), Roth (1980), Peterson (1982) ausführlich geschrieben und Shirley Fisher bezieht sich darauf in ihrem Buch „Stress and Strategy“, 1986, in „The Concept of Learned Helplessness“ und wie Strategien gegen eine solche erlernte Hilflosigkeit angewendet werden können.

Hänsel und Gretel

[[1] John D.E. Gabrieli, Silvia A. Bunge, Gehirn + Geist 48, 09_2017, S. 53 ff., Die neuronalen Spuren der Armut, über die Auswirkungen von Armut auf die neuronale Entwicklung bei Kindern
[2] Kognitive Fähigkeiten umfassen ein sehr großes Spektrum eines Menschen und dazu zählen unter anderem die Wahrnehmung und Aufmerksamkeit, Erinnerung und Lernen, Problemlösung und Kreativität, Planung und Orientierung, Argumentation, Selbstreflexion, Wille und Glauben, selbst Emotionen nehmen einen wesentlichen kognitiven Teil ein: Wikipedia, https://de.wikipedia.org/wiki/Kognition
[3] Beschreibung der Epigenetik: Wikipedia, https://de.wikipedia.org/wiki/Epigenetik; Deepak Chopra und Rudolph E.Tanzi, Super Genes- Unlock the Stohnishing Power of Your DANN for Optimum Health and Well-Being
[4] Prof. Manfred Spitzer, Sendung in ARD-ALPHA vom 22.6.2012, Behaviorismus, Belohnung, „Toward-Reduced-Poverty-Across-Generations“-Studie
[5] Die Telomer-Forschung ist noch eine junge Forschung mit der Erkenntnis, dass wir unserer DNA nicht ausgeliefert sind, sondern über die Endstücke der DNA, den Telomeren über unsere Lebensweise direkt Einfluss nehmen können.
[6] Prof. Dr. Elizabeth Blackburn, Prof. Dr. Elissa Epel, Die Entschlüsselung des Alterns – Der Telomer-Effekt, Verlagsgruppe Random House GmbH, München, 2017. Prof. Blackburn ist eine Molekularbiologin, die besonders für ihre Arbeiten auf dem Gebiet der Telomer- und Telomerase-Forschung bekannt wurde und die zusammen mit Carol W. Greider und Jack W. Szostak den Nobelpreis für Physiologie oder Medizin für 2009 zugesprochen bekam.
[7]Forschung über den Tastsinn: Ulrich Pontes, Gehirn und Geist, Ausgabe 9/2015, Von der Berührung zur Empfindung; vgl. auch diverse Ausführungen zur neuronalen Plastizität und Neurogenese in Verbindung mit Bewegung, Ernährung: Gerd Kempermann in Gehirn und Geist Ausgabe 3/2006, www.spektrum.de/artikel /836287; Weitere: The Economist 1843, Artikel über Handschrift https://www.1843magazine.com/content /ideas/ann-wroe/handwriting-elegy
[8] Shirley Fisher, Stress and Strategy, The Revised Hierarchical Decision Model, S. 87 ff., Stress and Competence, S. 94, The Arousal Model, S. 95, Helplessness-Resistant Strategies/The Concept of learned helplessness, S. 173 ff. , LEA Ltd., 1986

Phänomen 2

02

noch Hänsel und Gretel

[9] Hansel, Gretel, and the Consequences of Failing to Remove Histone Methylation Breadcrumbs, Teresa W. Lee, David J. Katz, Publikation vom 29.1.2020, DOI: https://doi.org/10.1016/j.tig.2019.12.004 https://www.cell.com/trends/genetics/fulltext/S0168-9525(19)30262-8#relatedArticles

Hans und Greta

[1] Prof. Dr. Franz Ruppert, Transgenerationale Traumatisierung und die Möglichkeiten, daraus auszusteigen als Gesellschaft, Psychologischer Psychotherapeut und Professor für Psychologie, https://franz-ruppert.de/de/downloads/send/17-gehaltene-vortrge-deutsch/196-transgenerationale-traumatisierung

[2]Mazen Kheirbek und René Hen, Zu viel Gespür für Gefahr, Neurogenese als Panikbremse, Gehirn und Geist, Ausgabe 10/2015, S. 48 ff.

Diversität

[1] Fabritius, Friederike, Neurowissenschaftlerin, Interview auf veed.io "Neurosignatures - A New Way of Thinking Diversity", 2022;

[2] ebenda, 'The Brain-friendly Workplace - Why Talented people quit and how to get them to stay', Rowman & Littlefield Publishers (11. Oktober 2022)

Das Herz

[1] Konformismus im negativen Sinne: Gruppenzwang, Anpassung an Normen und Gepflogenheiten, Aufgabe der eigenen Bedürfnisse und Meinung

[2] Richard David Precht, Harald Welzer, Die vierte Gewalt – Wie Mehrheitsmeinung gemacht wird, auch wenn sie keine ist. S. Fischer Verlage, 2022

Johari-Fenster

[1] Im Topic „Hänsel und Gretel" sowie „Hans und Greta" besprochen.

[2] Das Johari-Fenster wurde 1955 von den amerikanischen Sozialpsychologen Joseph Luft und Harry Ingham entwickelt, woraus sich aus deren Vornamen auch der Begriff ableitete. Mit Hilfe des Johari-Fensters wird der „blinde Fleck" eines Menschen illustriert und ihm kommt eine wichtige Rolle bei Unterscheidung von Selbst- und Fremdwahrnehmung zu. Je mehr Selbst- und Fremdwahrnehmung übereinstimmen, umso mehr authentisch sind wir. Die blinden Flecken überdecken unser Potenzial, daher ist Aufgabe, das eigene Potenzial und damit unser authentisches Selbst zu entdecken und zu entwickeln.

Potenzial

[1] Franz P. Redl, Übergangsrituale, 2014 Drachen Verlag GmbH

[2] Sabine Hauswirth, Glück ist Knäckebrot, 2016 Lichtscheune Media & Management, München

Altersvorsorge 3

[1] Finanzmathematik-Rechner oder Apps, beispielsweise den doczins-Rechner von Prof. Dr. Klöckner, https://www.doczins.de/app/

Es gibt viele gute Bücher zu Geldanlage; ein gutes Buch ist die "Technische Analyse der Finanzmärkte" von John J. Murphy, FBV, München, 2017

Phänomen 3

03

1+4=ONE

[1]Kurzübersicht 1 + 4 = ONE:
STUFE 1: EXPLORE – Erforschen & Entdecken
STUFE 2: Stationen ① bis ④
+Station①Fühlen #feel,
+Station②Anschauen #watch,
+Station③Lesen #read,
+Station④Entwickeln #develop
STUFE 3: ERGEBNIS = ONE
= Essenz/Output/Integrität/Einheit/Verbindung/Produkt
Die einzige Vorgabe ist, dass es je Station unterschiedliche Areale unseres Mensch-Seins anspricht. In der letzten Station wird dann aus dem zuvor Gewonnenen und Trainierten erst entwickelt. Hier ist im Ergebnis eine Essenz, also das Wesentliche, gewonnen worden. Diese Entwicklungsformel ist Bestandteil des DESIGN OF CHANGE der DESIGN YOURSELF CONCEPTS by Sabine Hauswirth.

Bildung

[1] idw, 4.7.2022, Grafik zu Analphabetentum in Deutschland, siehe Anhang 'Bildnachweis! https://www.iwd.de/artikel/der-fachkraeftemangel-ist-ploetzlich-realitaet-551257
[2] ebenda
[3] ebenda
[4] ebenda

Purpose & Motivation

[1] Das Unmögliche möglich machen in einer neuen Ära: Symbolisch dafür steht der Buchtitel „Der Tag, als meine Zahnpasta das Radfahren begann", Sabine Hauswirth, Lichtscheune Media/Tredition, Ahrensburg, November 2022
[2] HR oder Human Resources und der Zusammenhang mit Purpose, dem Unternehmenszweck, kommt eine große Bedeutung zu, wenn es um die Zufriedenheit der Fach- und Führungskräfte in einem Unternehmen geht. In einer Studie von Kienbaum Institut ISM in Kooperation mit Human unlimited „steht Purpose in einem positiven Zusammenhang zur Performance, zur Kundenorientierung und zur Innovation. Mehr als die Hälfte der Studienteilnehmer (56 Prozent) gibt an, dass vor allem die Geschäftsführung für die Umsetzung und Kommunikation des Unternehmens-Purpose verantwortlich ist. Allerdings erwarten die Befragten diesbezüglich von der HR-Funktion mehr Einsatz (plus 14 Prozent)." Quelle: Personalwirtschaft Online https://www.personalwirtschaft.de/news/hr-organisation/hr-muss-sich-laut-einer-studie-beim-thema-purpose-mehr-einbringen-97728/

Arbeiterlosigkeit

[1]Arbeiterlosigkeit oder auch Fachkräfte-MANGEL ist die Tatsache, die seit langem bekannt ist: auf einen vorhandenen Bedarf an Arbeitsplätzen gibt es zu wenige Mitarbeiter. Das idw hat aktuelle Faktenlage hier zusammengestellt: https://www.iwd.de/artikel/der-fachkraeftemangel-ist-ploetzlich-realitaet-551257
[2] ebenda
[3] Multi-Potenzial-Training (z.B. nach Satellite Core Modell) und Multi-Intelligenz-Training dienen dem Training vielfältiger Kapazitäten und ermöglichen das Ausüben vielerlei Kompetenzen und Tätigkeiten

Co-Entrepreneurship

[1] Motivationspsychologie intrinsisch und extrinsisch
[2] DIW, Pressemitteilung 3.2.2021

Phänomen 3

03

noch Co-Entrepreneurship

[2] DIW, Pressemitteilung 3.2.2021, „Zehn Prozent aller Erwachsenen in Deutschland haben in den vergangen 15 Jahren geerbt oder eine größere Schenkung erhalten. Die durchschnittliche Höhe dieser Erbschaften beläuft sich dabei real auf etwas mehr als 85.000 Euro pro Person, jene der Schenkungen auf 89.000 Euro. Die Hälfte dieser Transfers entfällt auf nur zehn Prozent der Begünstigten, die anderen 90 Prozent teilen sich die verbleibende Hälfte. Dies sind die wichtigsten Ergebnisse einer Studie, die das Deutsche Institut für Wirtschaftsforschung (DIW Berlin) gemeinsam mit der Universität Vechta und dem Deutschen Zentrum für Altersfragen (DZA) auf Basis des Sozio-oekonomischen Panels (SOEP) berechnet hat."

[3] Insgesamt könnten nach Schätzung des DIW jedes Jahr bis zu 400 Milliarden Euro vererbt oder verschenkt werden. https://www.diw.de/de/diw_01.c.809832.de/publikationen/wochenberichte/2021_05_1/haelfte_aller_erbschaften_und_schenkungen_geht_an_die_reichsten_zehn_prozent_aller_beguenstigten.html

Co-Creation Flow

[1] Fronteer Corp.

[2] 1+4=ONE ist eine Entwicklungsformel von Sabine Hauswirth, die durch strukturierte Herangehensweise, unter Einbeziehung aller Sinne, einen Output ONE erzeugt. ONE steht für Essenz, Integrität, Wesentliches, Qualitätsergebnis

[3] Upcycling Design Sensing ist eine von Sabine Hauswirth entwickelte Methode zur Innovation neuer Produkte, indem das bestehende Produkt erneuert wird. Wichtiger Bestandteil der Innovationsmethode ist FEEL und SENSE, also Gefühl und Sinne in den Prozess zu integrieren

[4] Design Thinking ist ein Ansatz und ein Mindset, mit dem man in gemischten Teams innovative Lösungen für komplexe Probleme entwickeln kann; HPI D-School, https://hpi.de/school-of-design-thinking/design-thinking.html

[5] Innovation Box: unterschiedliche Kreativitäts- und Innovations-Methoden, entwickelt von Sabine Hauswirth, https://sabine-hauswirth.com/innovation-box/

Co-Learning Flow

[1] AZAV-Zertifizierung: Akkreditierungs- und Zulassungsverordnung Arbeitsförderung,

[2] Offene Bildungsformen für Lebenslanges Lernen und Lernende Organisationen wie lernOs, https://cogneon.github.io/lernos-for-you/de/

[3] „ "VUCA" ist ein Akronym, das sich auf "volatility" ("Volatilität"), "uncertainty" ("Unsicherheit"), "complexity" ("Komplexität") und "ambiguity" ("Mehrdeutigkeit") bezieht.", Quelle: https://wirtschaftslexikon.gabler.de/definition/vuca-119684

[4] lernOS kann in Circles, Lerntandems durch entsprechende Handbücher und Leitfäden stukturiert durchgeführt werden. Es kann als Einzelperson, im Team oder in der gesamten Organisation angewandt werden; Offene Bildungsformen für Lebenslanges Lernen und Lernende Organisationen, https://cogneon.github.io/lernos-for-you/de/

Erbengeneration

[1] Statista.de, https://de.statista.com/statistik/daten/studie/825320/umfrage/prognose-zur-anzahl-der-vererbten-immobilien-in-deutschland/

[2] Focus Online, https://www.focus.de/finanzen/maennlich-westdeutsch-gut-gebildet-deutschland-erbt-sich-in-die-ungleichheit-top-oekonom-erklaert-warum_id_141212057.html

[3] ebenda

[4] DIW Publikation ‚Vor der Erbschaftsteuerreform: Nutzung der Firmenprivilegien hat Minderjährige zu Multimillionären gemacht', https://www.diw.de/documents/publikationen/73/diw_01.c.542137.de/16-36-4.pdf

03

Phänomen 3

Pooling

[1] Ähnlich dem Beispiel Onlyfy by XING, einem neu geschaffenen Recruiting-Portal, das Vermittlung von Personal ermöglicht. Eine Weiterentwicklung wäre, dass nicht nur XING davon profitiert, sondern andere Personaldienstleister am Wertschöpfungsprozess teilhaben können.

Mut

[1] VUCA-Welt beschreibt schwierige Rahmenbedingungen der Unternehmensführung. Damit umzugehen, ist die Herausforderung der heutigen Ze t. Volatilität, Unsicherheit, Komplexität und Mehrdeutigkeit sind dabei die Kernpunkte, die VUCA umschreiben.

[2] Definition von Mut, Juraforum Online, https://www.juraforum.de/lexikon/mut

Fortschritt

[1] Definition von Mut, Juraforum Online, https://www.juraforum.de/lexikon/mut

04

Phänomen 4

Innovation braucht Haltung

1] Innovation, Definition in Wikipedia, https://de.wikipedia.org/wiki/Innovation

[2] Upcycling Design Sensing, Sabine Hauswirth, Design Yourself Concepts/Innovation Box/Innovations- und Kreativitätsmethode, www.sabine-hauswirth.com

[3] In die Wirtschaftswissenschaft wurde der Begriff durch Joseph Schumpeter mit seiner Theorie der Innovationen eingeführt; hier ist er als Aufstellung einer neuen Produktionsfunktion definiert.

Dynamic Management

Unsicherheiten und Dauer-Krisen können besser durch Nachahmung evolutionärer Prozesse bewältigt werden, da wir in einem spektakulären Geschwindigkeits-Ausmaß an adaptiv-situative Anpassung gezwungen werden. Herkömmliche Management-Theorien, die Dynamik nicht integrieren, werden daher nicht mehr funktionieren.

Ein wesentlicher Bestandteil zukünftiger Management-Strategien wird Soft Skills wie Vertrauen, Agilität und Empathie zwingend integrieren müssen, da Ungewissheit und Krise mit rein strategischer Herangehensweise schwer bewältigt werden.

Wenn zusätzlich Mitarbeiter überzeugt werden sollen, im Unternehmen motiviert zu sein, ist ein wesentlicher Punkt, Ideen, Produkte und Dienstleistungen mit SENSE zu erzeugen. SENSE[2] bringt Gefühle und Sinnhaftigkeit zusammen.

[1] Hauswirth S., Das Satellite Core Modell – Innovationspower durch Potenzialtraining -, Lichtscheune Media, München, 2017

[2] Upcycling Design Sensing ist eine der Methoden von Sabine Hauswirth, die eine Innovationsmethode darstellt, die SENSE integriert (aus dem Englischen übersetzt bedeutet SENSE nicht nur SINN, sondern auch FÜHLEN, BEGREIFEN, ist also im Doppel-Sinn genau so, wie Output immer sein sollte: sinnvoll und dem Mensch-Sein gerechtwerdend durch Einbeziehung der Sinne.)

Upcycling Design Sensing

Upcycling Design Sensing ist eine Methode, von Sabine Hauswirth im Jahr 2016 aus ihrer ursprünglichen Methode des U.P.C.Y.C.L.I.N.G. (1979 - 2016) entwickelt. Sie kann angewandt werden als Training für Kreativität, Innovation und als Training für Offenheit, Toleranz.

Phänomen 4

04

noch Upcycling Design Sensing
© U.P.C.Y.C.L.I.N.G.
Innovations- und Veränderungs-Methode. (1979, modifiziert: 2014)
Methoden-Steckbrief:
A Kreativitäts-Prinzip: Entwickeln
B Zeit: 60 Min. bis 3 Tage (je nach Arbeitstitel)
C Teilnehmer-Zahl: 2 bis 50 TN
D Infrastruktur: Flip-Charts, White Board, bunte DIN A 3 Bögen, Kartei-Karten DIN A 6, Buntstifte, Kiesel-Steine, Handwerkzeug (je nach Auftrag), Wäscheleine & Wäscheklammern aus Holz (wenn möglich), Steh-Tische, gemütliche Sitz-Gelegenheiten, Foto-Apparat (auch: Smartphone-Kamera), Projektor/Beamer
E Frame / Raum: kreativer Raum (wenn möglich), Tageslicht, auch: Natur-Raum
Der Transfer in andere Bereiche:
Upcycling kann über Mode & Kleidungsstücke hinaus transferiert werden in ALLE Bereiche: Möbel, Häuser, Maschinen, Werkzeuge, Prozesse, Systemik und viele andere Bereiche. Bestandteil vor allem ist: wer mit Altem gut umgeht, zugleich sich überlegt, was daraus Tolles entstehen kann, anstelle Wegwerfen, Verachten, Ignorieren und Neu-Beschaffen - trainiert sich zugleich in Innovation, Veränderung, Toleranz und Einfallsreichtum.
U.P.C.Y.C.L.I.N.G. als ökonomisches Prinzip
Upcycling regt ganz ausdrücklich den Wert-Erhalt von etwas Bestehendem an. Anstatt die Wegwerf-Mentalität zu begünstigen, regt es an, nicht neu nachzukaufen, sondern aus dem Bestehenden etwas Wert-Schätzendes Neues zu gestalten.
Upcycling ist, als U.P.C.Y.C.L.I.N.G.-Prinzip nach meiner Methode angewandt, zugleich eine Methode für #Reduktion und Reduktionsmanagement ("Glück ist Knäckebrot) im Sinne einer ressourcenschonenden Ökonomie. Somit dient in Erweiterung das U.P.C.Y.C.L.I.N.G.-Design Sensing auch dem Klimaschutz.
U.P.C.Y.C.L.I.N.G. als Metapher für ein gesellschafts-politisches Phänomen: Upcycling ist Wert-Schätzung sowohl ALTEM als auch NEUEM/Jungem/Innovativem/Erneuerung gegenüber. Als Metapher angewandt auf die Gesellschaft können wir davon ausgehen, dass dort, wo Innovation und Junges ("Futuregeneration") nicht gesehen wird und nicht erwünscht und gefördert ist, nichts Neues entstehen kann. Dort, wo Junges ist ("Futuregeneration" und "Innovation") wird dann das Alte ("Die ältere Generation", "Rentner") auch nicht erkannt als wert-schätzend. Ein Kreislauf der Natur ist unterbrochen - und zerstört sich gegenseitig. Deutschland beispielsweise hat die zweitälteste Bevölkerung weltweit nach Japan, dies sollte schnellstmöglichst zu Denken und dann zu Handlung führen.
U.P.C.Y.C.L.I.N.G. Design Sensing als Training in ZUVIEL-Gesellschaft, Konsumgesellschaft, Non-Stop-Ablenkung, Subito-Gesellschaft, Kultur-Vergessenheit, Terrorismus und Digitale Reizüberflutung - alles Teile einer Gesellschaft, die Selbstbestimmung nahezu unmöglich macht, führen dazu, dass der Mensch immer mehr verloren geht und Ängste zunehmen. Upcycling als Training beruhigt, fokussiert, lässt Wesentliches erkennen und lässt Selbst-Bezug zu.
U.P.C.Y.C.L.I.N.G. Design Sensing für den Klimaschutz
Upcycling Design Sensing, also Veränderung & Innovation durch AUF-Wertung mit allen Sinnen beinhaltet nicht nur Ressourcen-Schonung im weitesten Sinn, sondern geht noch etwas weiter.
Je mehr wir SINN (SENSE im englischen heißt nicht nur Fühlen, Begreifen, Greifen, sondern meint auch SINN für etwas oder in etwas) in etwas sehen und spüren, umso weniger benötigen wir Kompensation durch Konsum und Fluchten in unnötige Dinge, die wir nicht wirklich benötigen. Je mehr in Human Resources Konzepten, je mehr in Schul- und Bildungssystemen das FÜHLEN PLUS DER SINN für etwas eingeführt wird, umso mehr bleibt der Mensch bei sich und benötigt weniger Kompensation im Außen.
U.P.C.Y.C.L.I.N.G. als Bestandteil eines ökonomischen Prinzips und von Lebensgestaltung

Phänomen 4

04

Walk-that-Talk

[1] Sabine Hauswirth, Glück ist Knäckebrot, 2016, München: Reduktions-Strategien im Umgang mit Stress und Komplexität. Walk-that-talk. Die wisschenschaftlichen Hintergründe:

· Lernprozesse und Gedächtnisinhalte werden in unserem neuronalen Netzwerk „abgearbeitet"
· neue Nervenzellen werden stärker gebildet durch Bewegung, idealerweise verbunden mit Bilateral-Übungen, Über-Kreuz-übungen (Links-Rechtsbewegungen, einseitige Bewegungen)
· dabei besprochene Themen, oder gedachte Themen werden zu unserem unbewussten als Bilder verstanden und von unserem Gehirn verarbeitet (" bewegt ")
· Neuro-Wissenschaftler wie beispielsweise Hans-Georg Kuhn von der Universität Göteborg haben den Zusammenhang zwischen Bewegung und höherer Geisteskraft sowie dem Zusammenhang an Demenzerkrankung im Alter untersucht und herausgefunden, dass körperliches Ausdauervermögen im Alter von 18 Jahren bereits die geistige Performance für den Rest des Lebens beeinflusst
· Muskelzellen leisten nicht nur mechanische Arbeit, sondern geben auch Proteine ab ans Gehirn, die zur Neubildung von Nervenzellen, die Neurogenese, anregen
· Die Augenbewegungen in vorgenannter Übung sind manchen vielleicht bekannt aus der sogenannten EMDR-Methode (Eye Movement Desensitization and Reprocessing), Eine Methode, die nicht nur in der Trauma-Bewältigung angewandt wird. Durch die Überkreuzbewegungen werden auch hier Prozesse im Gehirn" bewegt", die erleichtern, lösen und entspannen helfen. Also auch ein typisches Reduktionsthema.
· Forscher haben außerdem herausgefunden, dass Wachstum von neuen Neuronen zugleich auch für Menschen mit Angststörungen relevant ist, somit die Neurogenese also eine Panikbremse darstellt[1]. Ich selbst sehe meines Coachings und Trainings jedoch als einen Ansatz für ein breites Publikum, um Alltagsherausforderungen damit zu bewältigen. Zumal die Herausforderungen durch Terror und gesellschaftspolitische Veränderungen immer stärker werden und Angstbewältigung zunehmend ein grundsätzliches Thema werden wird selbst für Menschen, die bisher keinerlei pathologisches Thema damit haben [Anmerkung der Verfasserin: der gesamte Artikel entstand bereits 2015, bei Wiederveröffentlichung in 3/2022 ist dieser Zusammenhang angesichts des Ukraine-Krieges mehr denn je aktuell]. Vielmehr sehe ich hier einen großen Bedarf an Training insbesondere für die nachfolgende Generation, die wegen digitalem Overflow und ständigen Konsumanreizen und immer weniger Sport-Möglichkeiten auch immer weniger Möglichkeiten für Neurogenese haben. Damit einhergehend auch immer weniger Bewältigungsstrategien für Herausforderungen entwickeln können. Natur ist ein zusätzliches Element für Neurogenese. Auch das fehlt zunehmend in unserer Lebens- und Alltags-Umgebung.

[1] noch zu 1. die wissenschaftlichen Quellen:

Shapiro F: Eye Movement Desensitization and Reprocessing – Basic principles, protocols, and procedures. New York, Guilford 2001.

van Etten ML, Taylor S: Comparative efficacy of treatments for posttraumatic stress disorder: a meta-analysis. Clinical Psychology and Psychotherapy 1998; 5: 126–44. CrossRef

Power KG, McGoldrick T, Brown K, Buchanan R, Sharp D, Swanson V, Karatzias A: A controlled comparison of eye movement desensitization and reprocessing

Ironson GI, Freund B, Strauss JL, Williams J: A comparison of two treatments for traumatic stress: a pilot study of EMDR and prologed exposure. J Clin Psychol 2002; 58: 113–28. CrossRefMEDLINE versus exposure plus cognitive restructuring, versus waiting list in the treatment of posttraumatic stress disorder. J Clin Psychol 2002; 9: 299–318.

Shapiro F: Trauma and Adaptive Information-Processing: EMDR's Dynamic and Behavioral Interface. In: Alpert M, Malan D, McCullough L, Neborsky RJ, Shapiro F, Solomon M: Short-Term Therapy for Long-Term Change. New York: Norton 2001; 112–29.

World Health Organization: Guidelines for the management of conditions that are specifically related to stress. Geneva, WHO 2013

National Collaborating Centre for Mental Health – NICE: Post traumatic stress disorder (PTSD): The management of adults and children in primary and secondary care. London: National Institute for Clinical Excellence 2005.

[2] Gehirn + Geist, Nr. 10/2015, „Zu viel Gespür für Gefahr"

Phänomen 4

04

Nature Scoring

[1] Quelle: Gawrilow C., Morgenroth K., Schultz R., G. Oettingen & Gollwitzer P.M. (2012). Mental contrasting with implementation intentions enhances self-regulation of goal pursuit in schoolchildren at risk for ADHD. Motivation and Emotion, 10.1007/s11031-012-9288-3 sowie die ZRM-Methode nach Maja Storch und Julius Kuhl

[2] Gabriele Oettingen, 2015, Mentales Kontrastieren / „WOOP"-Methode wissenschaftlicher Hintergrund: https://woopmylife.org/de/science

[3] Daniel Kahneman, Schnelles Denken, langsames Denken (Thinking, Fast & Slow), Pantheon Verlag, 12. Auflage 2015

[4] in Anlehnung an Walter Mischel, Der Marshmallow Test – Willensstärke, Belohnungsaufschub und die Entwicklung der Persönlichkeit -, Random House, 1. Auflage / März 2015: Sabine Hauswirth, Natur als Mittel der Entschleunigung „Glück ist Knäckebrot", 2014/2015-Seminar-Reihe

Agilität wird früh entwickelt

[1] ‚Schlau dank Stift', Bild der Wissenschaft 2-2016/Kultur+Gesellschaft. Lernen.

[2] ‚Schlaulaufen', DER SPIEGEL, Nr. 32, 1.8.2015, MEDIZIN

[3] ‚Radeln für Gehirn und Geist', Gehirn + Geist Nr. 05_2017, S. 56

GenIE

[1] Herkömmlicherweise wird ein Genie als Person mit überragenden geistigen oder schöpferischen Fähigkeiten bezeichnet. Wir benötigen zukünftig die Erkenntnis, dass in jedem Menschen Begabung und schöpferische Fähigkeiten angelegt sind. Unter Förderung der Genie-Fähigkeiten versteht Sabine Hauswirth, jedem Menschen Teilhabe an Bildung zukommen zu lassen, dass jeder Mensch in seinem eigenen Potenzial überragend werden kann. Dabei gilt die Definition auf die jeweilige Person begrenzt: überragend und einzigartig ist jede Person, wenn sie das Bestmögliche aus den eigenen Talenten gemacht hat. So gesehen ist jeder Mensch mit dieser Motivation genial.

[2] ‚GenIE, ist die von Sabine Hauswirth so benannte ‚Generation Innovative Empathie' , die altersunabhängig ist. Sie ist ausgestattet mit den Merkmalen ‚Empathie & Innovation' anstatt in pauschalen Alterseigenschaften, die meistens falsch sind. Die GenIE wird ‚ROEE', den ‚Return on Empathie und Economy' erzeugen, einen Return on Invest, der nicht ausschließlich Kapital-Rendite, sondern Rendite aufgrund empathischer plus ökonomischer Investition erzeugt. GenIE wird Städtebauplanung, Gesundheitsmanagement, Ökonomische und politische Strukturen verändern, weil Empathie und Genie die Grundlage bilden.

[3] Wo Empathie mit Ökonomie in Balance gebracht werden, werden Empathie mit Fürsorge verbunden. Alles andere ist zukünftig irrelevant, weil wir auf ein Szenario von Hunger Games à la Tribute von Panem hinsteuern. Man muss nur mal etwas volkswirtschaftlich denken, sieht man, über den Tellerrand geblickt, eine mehrdimensionale ökonomische Spaltung der Gesellschaft mit entsprechenden Folgen. Wer Hunger Games kennt, kann die Adaption auf heutige Verhältnisse verstehen - ökonomische Not bringt oft merkwürdige Szenarien ins Spiel, um die Betroffenen von ihrer Not durch Nebenschauplätze abzulenken. Wo Caring Companies und Caring Societies bestehen, werden solchen gesellschaftspolitischen Strömungen in sehr positiver Weise dagegengehalten: Sie entstehen erst gar nicht, weil eine Balance zwischen Empathie & Ökonomie hergestellt wird. Sabine Hauswirth nennt das Ergebnis aus dieser notwendigen Balance den Return on Empathy and Economy (ROEE).

[4] Sabine Hauswirth bei Brainguide Answers zu ‚Künstlicher Intelligenz: https://answers.brainguide.de /Was-sollte-Ihrer-Meinung-nach-jeder-ueber-kuenstliche-Intelligenz-wissen/

Phänomen 4

04

Future Thinking

[1] Helikopter-Eltern, auch Hubschrauber-Eltern genannt, werden als überforsorgliche Eltern bezeichnet, die sich laufend in der Nähe ihrer Kinder aufhalten, diese überwachen und behüten, ohne dass die Kinder selbst echte Erfahrungen machen können. Durch solche exzessive Einmischung in die Erfahrungswelt von Kindern kann deutlich negative Auswirkungen auf Eigenschaften wie Selbstwirksamkeit, Selbstregulation, Flexibilität und Einfallsreichtum haben.
[2] Satellite Core Modell mit der 1+4=ONE-Formel für Entwicklung, Sabine Hauswirth, Lichtscheune Media,München, 2017

Selbstverlust

[1] Ruppert Franz, https://www.franz-ruppert.de/
[2] Bauer, J., Arbeit. Warum sie uns glücklich oder krank macht. München: Heyne Verlag, 2013
[3] Varoufakis, Yanis, Time for Change. Wie ich meiner Tochter die Wirtschaft erkläre. München: Bastei Lübbe Verlag, 2015
[4] Milzner, G., Wir sind überall, nur nicht bei uns. Leben im Zeitalter des Selbstverlusts. Weinheim: Beltz Verlag, 2017

'Adapt first, mutate later'

[1] Deepak Chopra, Rudolph E. Tanzi, Super Genes, Crown Publishing Group, New York, 2015; Rudolph E. Tanzi, ist New York Times Bestseller Autor und Professor für Neurologie an der Harvard University Medical School. Außerdem ist er Vorsitzender des Lehrstuhls für Neurologie an der Universität Harvard und Vize-Vorsitzender des Lehrstuhls für Neurologie sowie Direktor der Forschungsabteilung für Genetik und Alterungsprozesse des Massachusetts General Hospital. Mit seinen Kollegen entdeckte er die drei Gene, die für die familiär bedingte Früh-Alzheimererkrankung verantwortlich sind und entwickelte auf Basis dieser Forschungen neue Therapie- und Präventionsansätze.
[2] Prof. Dr. Elizabeth Blackburn, Prof. Dr. Elissa Epel, Die Entschlüsselung des Alterns – Der Telomer-Effekt, Verlagsgruppe Random House GmbH, München, 2017, S. 362

Moneyismus

[1] Kellermann, 2006

Verantwortungsökonomie

[1] The Silent Resignation, stepstone GmbH, März 2022
[2] Statistisches Bundesamt, 2021

Phänomen 5

05

Economy for Future

[1] Hauswirth, Sabine, S02 Publikationen | LinkedIn Artikel: ‚Altersvorsorge mit niedrigem Gehalt', https://www.linkedin.com/pulse/altersvorsorge-mit-niedrigem-gehalt-eine-berechnung-sabine-hauswirth/

Wohnen

[1] Hauswirth, Sabine; Idea Books bei Houzz, Wohnen in Zeiten des Klimawandels, eine ehemalige Baurechtsexpertin spricht von ihren Vorstellungen des Wohnens in der Zukunft: Eco Model Earth Climate Building, https://www.houzz.co.uk/ideabooks/52710207/list/eco-model-earth-climate-building;
Meine Planungs-Impulse beim Bauen – Bauen 2025: auch Bauen ist Veränderungen unterworfen wie das Leben selbst. Demographie & fehlende oder veränderte Nachfrage, neue Wohnmodelle, Klimawandel, Wärmedämmung, verstärkte Hitzeperioden, erhöhte Brandgefahr, häufigere Stürme und Orkane, ätzende Niederschläge durch Ozon & Co., Ressourcen-Schonung & nachwachsende Rohstoffe, Nachhaltigkeit / Sustainability, Nicht-Top-Standorte-Preisverfall, Beobachtung durch Satelliten (Google Maps & Co.) und viele andere äußere Einflüsse erfordern veränderte Planungen.
VORTEILE: Klimawandel entsprechende Architektur, Ressourcen-Schonung (Material / Rohstoffe, Zeit, Finanzen, Raum, Mensch / Wohlbefinden), Wohnen in Gesellschaft / Gruppe, Sozialverhaltens-Förderung, Evolutions-Intelligenz der Natur nutzend, bessere Strahlen-Abschirmung von Außen, Individualität, familien- und frauen-freundliche Bauleitplanung + Vereinbarkeit von Familie und Beruf, Co-Working-Spaces
METHODE: Natur-Architektur, Bauen unter Erde

Telomerase

[1] Prof. Dr. Elizabeth Blackburn, Prof. Dr. Elissa Epel, Die Entschlüsselung des Alterns – Der Telomer-Effekt, Verlagsgruppe Random House GmbH, München, 2017; Prof. Blackburn erhielt auch einen Nobelpreis für ihre Arbeit: „Elizabeth Helen „Liz" Blackburn AC ist eine australisch-US-amerikanische Molekularbiologin, die besonders für ihre Arbeiten auf dem Gebiet der Telomer- und Telomerase-Forschung bekannt wurde. 2007 wurde sie vom Time-Magazin als eine der „100 einflussreichsten Persönlichkeiten der Welt" benannt. Ihr wurde zusammen mit Carol W. Greider und Jack W. Szostak der Nobelpreis für Physiologie oder Medizin für 2009 zugesprochen." (Quelle: Wikipedia)
[2] Life Long Working und systAV-Prinzip ist eine von Sabine Hauswirth entwickelte Systematik, wie Altersvorsorge aus ganzheitlicher Sicht und nicht nur finanziell geplant werden muss und dabei systemisch und epigenetische Ursachen einen maßgeblichen Einfluss auf soziale und Gesundheitsgerechtigkeit bereits von Beginn an haben (‚Hänsel-und-Gretel-Prinzip')

Mikrobiom

[1] Deepak Chopra, Rudolph E. Tanzi, Super Genes – Unlock the Astonishing Power of Your DNA for Optimum Health and Well-Being, Crown Publishing Group, New York, 2015; Mikrobiom und die Auswirkungen auf chronische Krankheiten, unser Gehirn, Diabetes, Krebs und vieles mehr

Verantwortung

[1] Gawrilow C., Morgenroth K., Schultz R., G. Oettingen & Gollwitzer P.M. (2012). Mental contrasting with implementation intentions enhances self-regulation of goal pursuit in schoolchildren at risk for ADHD. Motivation and Emotion, 10.1007/s11031-012-9288-3 sowie die ZRM-Methode nach Maja Storch und Julius Kuhl, Die Kraft aus dem Selbst, 2. Auflage, Verlag Hans Huber, Bern, 2013; Maja Storch, Frank Krause, Selbstmanagement – ressourcenorientiert, Grundlagen und Trainingsmanual für die Arbeit mit dem Zürcher Ressourcen Modell (ZRM®), Verlag Hans Huber, 2014
[2] Hauswirth, Sabine, Glück ist Knäckebrot, Lichtscheune Media, München, 2017
[3] Arno Gruen, „Der Verrat am Selbst", dtv, 1992

Multi-Potenzial-Training

[1] Hauswirth, Sabine, Das Satellite Core Modell, Lichtscheune Media, München, 2017

Anhang: Bildnachweise

[ABB. 1] idw, 4.7.2022, Grafik zu Analphabetentum in Deutschland

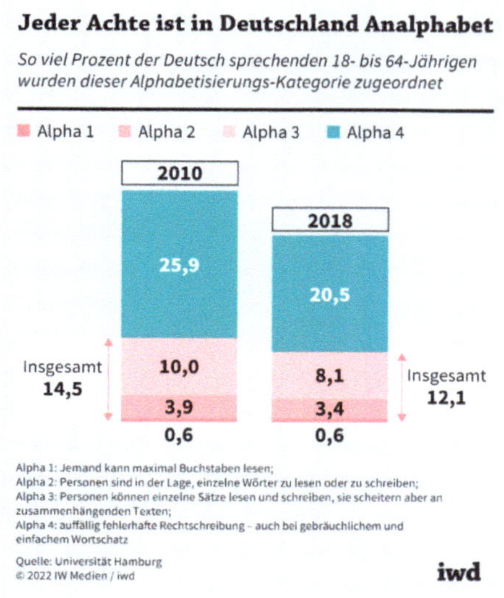

[ABB. 2]Arbeiterlosigkeit oder auch Fachkräfte-MANGEL ist die Tatsache, die seit langem bekannt ist: auf einen vorhandenen Bedarf an Arbeitsplätzen gibt es zu wenige Mitarbeiter. Das idw hat aktuelle Faktenlage hier zusammengestellt: https://www.iwd.de/artikel/der-fachkraeftemangel-ist-ploetzlich-realitaet-551257

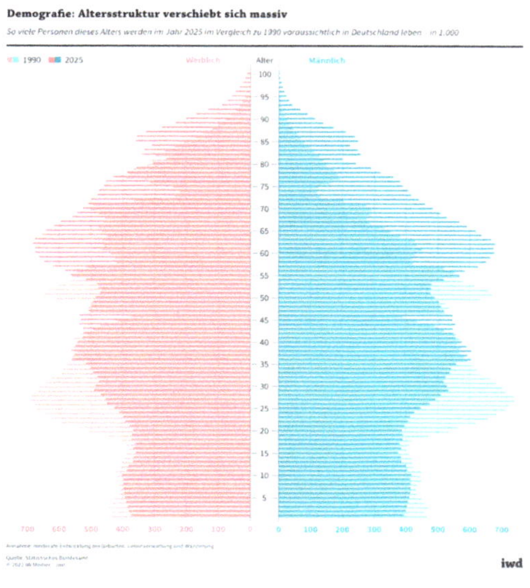

[ABB. 3] ebenda

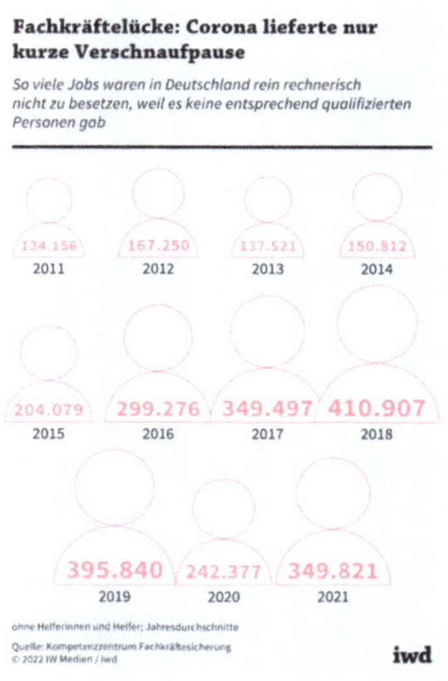

01

GLOSSAR

05

Glossar

Phänomenbasiertes Lernen (PhBL, PhenoBL oder PBL) "ist eine multidisziplinäre, konstruktivistische Form des Lernens oder der Pädagogik, bei der die Schüler ein Thema oder ein Konzept in einem ganzheitlichen Ansatz und nicht in einem fachbezogenen Ansatz untersuchen. PhBL umfasst sowohl thematisches Lernen (auch als themenbezogenes Lernen oder Unterricht bezeichnet), bei dem das untersuchte Phänomen ein bestimmtes Thema, Ereignis oder eine Tatsache ist, als auch thematisches Lernen (auch als themenbezogenes Lernen oder Unterricht bezeichnet), bei dem das untersuchte Phänomen ein Konzept oder eine Idee ist. PhBL entstand als Reaktion auf die Idee, dass traditionelles, fachbezogenes Lernen veraltet und von der realen Welt entfernt ist und nicht den optimalen Ansatz für die Entwicklung von Fähigkeiten des 21. Jahrhunderts. Es wurde in einer Vielzahl von höheren Bildungseinrichtungen und in jüngster Zeit auch in Grundschulen eingesetzt"[Quelle: Wikipedia, https://en.wikipedia.org/wiki/Phenomenon-based_learning, übersetzte Version].

Digital Detox (dɪdʒ.ɪ.təl ˈdiː.tɒks, englisch für „digitale Entgiftung“) bezeichnet "den teilweisen oder totalen Verzicht der Nutzung digitaler Medien. Innerhalb einer bestimmten Zeitspanne soll die Nutzung elektronischer Geräte wie Smartphones, Tablets oder Computer und auch des Fernsehens und des Internets eingeschränkt werden. Ziel ist es sich der digitalen Vernetzung und der ständigen Erreichbarkeit zu entziehen. Hierdurch soll Stress reduziert und die Aufmerksamkeit wieder vermehrt der realen Welt zugewandt werden." [Quelle: Wikipidia, https://de.wikipedia.org/wiki/Digital_Detox].

Reduktion bezeichnet nach einer Definition von Sabine Hauswirth "die Haltung, sich durch bewusste und intelligente Entscheidungen aus dem Zuviel zu befreien, das Belastung darstellt. Zuviel und Müssen sind dabei die grundlegenden Faktoren, die Menschen beeinträchtigen können in ihrer mentalen Gesundheit. Dies zu schützen, ist Aufgabe einer Zukunftsgesellschaft durch Entwicklung einer von ihr so benannten Reduktionsintelligenz. Die Grundlage dafür schafft ein Ausstieg aus der hedonistischen Tretmühle des Höher, Schneller und Weiter. [Quelle: 'Glück ist Knäckebrot'/Sabine Hauswirth, Erstauflage].

Glossar

Reduktionsintelligenz bezeichnet die Fähigkeit, mit Komplexität durch gezielte Reduktions-Strategien, auch in Verbindung mit Natur, zu entwickeln. Die Formel dafür hat Sabine Hauswirth aus der chemischen Reduktion angelehnt.

Kognitionswissenschaft ist eine "interdisziplinäre Wissenschaft, die sich mit der Verarbeitung von Information im Rahmen von Wahrnehmungs-, Denk- und Entscheidungsprozessen befasst, sowohl beim Menschen als auch bei Tieren oder Maschinen. In ihren Bereich fallen Themen wie Gedächtnis, Lernen, Sprache, Emotion, Motivation und Volition".[Quelle: Wikipidia, https://de.wikipedia.org/wiki/Kognitionswissenschaft].

Umweltneurowissenschaft ist eine interdisziplinäre Wissenschaft, die sich mit den Zusammenhängen der Umwelt und dem Gehirn beschäftigt. Zur "Quantifizierung der Zusammenhänge zwischen Umwelt und dem Gehirn sollen evidenzbasierte Gestaltungsmaßnahmen für Lebenswelten entwickelt werden, die nachhaltig das Wohlbefinden, kognitive Funktionen sowie mentale und physische Resilienz von Menschen fördern". [Quelle: Max-Planck-Institut für Bildungsforschung,
hier: Lise-Meitner-Gruppe Umweltneurowissenschaften am MPI, https://www.mpib-berlin.mpg.de/forschung/lise-meitner-gruppe-umweltneurowissenschaften]

Hänsel und Gretel Ökonomie ist die von Sabine Hauswirth so benannte ökonomische Folge transgenerationaler Vererbung von Armut und Traumatisierungen, die auch mit Epigenetik belegt werden kann. Die Forschung zu Epigenetik ermöglicht entsprechende Erkenntnisse und so könnte Armutsbeseitigung wesentlich erfolgreicher geschehen, wenn diese Erkenntnisse und die Erfolgsgesetze dieses Buches in die Forschung integriert werden würden.

Multi-Potenzial-Training ist der Ansatz, Potenziale regelmäßig und entsprechend strukturiert und nacheinander zu trainieren. Der Effekt ist Erzeugung vielfältiger Fähigkeiten, die generalistischen und zugleich innovativen Output erzeugen. Trainierte Multi-Potenziale können Interdependenz und innovative Interaktionsergebnisse erzeugen. Übertragen aus der Interdependenztheorie (Thibaut & Kelley, 1978) und anderen Lehren hat Sabine Hauswirth dazu ihr Satellite Core Modell entwickelt.

01

ONE
ECONOMY FOR FUTURE

05

Wachstums-Zusammenhänge der Vergangenheit	Design Yourself Concepts | Innovation Concepts by Sabine Hauswirth **Wachstumsformel 4.0**
Lebensstandard vs. wirtschaftlicher Ertrag → output per capita, standard of living, output per person (income per person, income per capita) versus output in economy	**Lebensstandard REDUKTION mit Thinking Big und Wohlstandsdenken als Prinzip** → Standard: Grundeinkommen als Grundsicherheit für Thinking Big und Chancen- und Wohlstandsdenken/wirtschaftlicher Ertrag verbunden mit income per person = output per capita vs. shareholder value
Kurzerklärung „output" in der Wirtschaft: I. Produktionstheorie: mengenmäßiger Ertrag (Ausbringung, Ausstoß, Produktion, Beschäftigung, Bezugsgröße für den Faktorverbrauch) eines Betriebs (einer Kostenstelle, eines Aggregats). Gegenteil dazu: Input. II. Systemtheorie/Kybernetik: Beziehungsaufnahme zwischen System und Umwelt in Form der Abgabe der drei Grundkategorien Materie, Energie und Information. III. Statistik: Summe der Lieferungen eines Wirtschaftszweiges an andere	**Kurzerklärung „output" in der Wirtschaft im** Sinne der Neu-Definition: I. Produktionstheorie: mengenmäßiger Ertrag ist Reduktion/ Verknappung/Ressourcenschonung; Limited Production, Unikate hochpreisig, Unikate niedrigpreisig für ALLE („wanting" und Zugehörigkeit im Sinne von Maslow befriedigt für alle) II. Systemtheorie/Kybernetik: Vorrang Ressourcenschonung Materie, Energie und Information PLUS Geschwindigkeit als Output-Förderer oder –zerstörer (Balance ist die positive Kraft) III. Statistik: Summe der Lieferungen eines Wirtschaftszweiges an andere ist irrelevant – Einzigartigkeit als Prinzip – und die SUMME der Lieferungen nicht ausschlaggebend, anstatt dessen das Uniqueness Design/Einzigartigkeit IV. Output wird durch Entwicklung erzeugt (1+4=ONE)
Time and Space als Basis: Anstieg des Pro-Kopf-Outputs & Konvergenz des Pro-Kopf-Outputs zwischen den Ländern → Kraft der Aufzinsung (Beispiel: Zins pro Jahr 4,5 % über 60 Jahre ([1 + 0,045]60 (Time and Space/Verzinsung als Basis)	**Anstatt Time and Space: Entwicklung von Treasure Value** Time and Space werden vernachlässigt; ausschlaggebend sind ausschließlich der Treasure Value = das Humankapital als Estimee/Wertschätzung; Kapital wird als Faktor nicht mehr berücksichtigt; Kapital ist ersetzbar / inflationär – der Mensch nicht; Zeit und Raum sind in dieser Berechnung ausschließlich auf die Lebensqualität und Gesundheit beim Menschen für höchste Geistes- und Körperfitness ausschlaggebend. Zins und Kapital werden hier irrelevant, da historischen Unwägbarkeiten unterliegend. Zeit wird relevant für die Entwicklung von Multi-Potenzial und Treasure Value.
Malthusian Trap Die Malthusianische Trap ist die Theorie, dass, da das Bevölkerungswachstum dem landwirtschaftlichen Wachstum vorausgeht, es einen Zeitpunkt geben muss, an dem das Nahrungsmittelangebot nicht mehr ausreicht, um die Bevölkerung zu ernähren. Sie wurde ursprünglich von Robert Malthus in An Essay on the Principle of Population (1798) aufgestellt, wobei er argumentierte, dass die Ausweitung des Nahrungsmittelangebots linear ist, während das menschliche Wachstum exponentiell verläuft.	**Hauswirth Trap** Die Hauswirthsche Trap ist die Theorie, dass, wenn das Bevölkerungswachstum das landwirtschaftliche Wachstum übersteigt, die Produktion von Nahrungsmitteln irgendwann aufhören muss, während diese dann importiert werden müssen. Stattdessen werden die Lebensmittel in der näheren Umgebung mit Hilfe von Menschen produziert, die ohne Arbeit sind, die keine Perspektiven sehen, die psychisch angeschlagen sind und von solchen, die eine Verantwortungsökonomie entwickeln, weil sie Qualität, Klima und Regionalökonomie wichtig finden. Das Niveau der Lebensmittelstandards wird in der Region angesiedelt und die regionalen Arbeitgeber sind direkt in die Produktions- und Absatzprozesse eingebunden. Der gleiche Gedanke lässt sich auch auf andere Produktionsbereiche übertragen - Reduktion als Prinzip für höherwertigen Lebensstandard wird dabei zugrunde gelegt..

Economy for Future (Forts.)

Wachstumsformel in einer neuen Ära | Wachstum 4.0

Wachstums-Zusammenhänge der Vergangenheit	Design Yourself Concepts | Innovation Concepts by Sabine Hauswirth **Wachstumsformel 4.0**
Grundlage ist immer: eine aggregierte Produktionsfunktion Formel **Y = F (K, N)** Y = gesamter Output, K = Kapital, N= Arbeit F= Funktion, die angibt, wie viel Output bei gegebenen Mengen an Kapital und Arbeit produziert wird. Die Funktion F hängt vom Stand der Technik ab. Je höher der Stand der Technik ist, desto höher ist F(K, N) für ein gegebenes K und ein gegebenes N	Neue Formel: **Y = F (H, N, S)** **Y** = Aggregate Output, **H**= Human Treasure Value / Estimee, **N**= Labor, **S**=Speed; **K** wird nicht in die Formel einbezogen, ist also nicht relevant – der Mensch im Mittelpunkt. **F**= Function, which tells us how much output is produced for given quantities of capital and labor Capital Accumulation ist deshalb in der Formel nicht relevant, wohl aber Technical Progress und damit einhergehend Geschwindigkeit S, die bisher nicht vorgesehen war in der Berechnung von F. S= Speed (Geschwindigkeit) in Form von Pause/Recreation/Entschleunigung – SLOW MOTION – und Umsetzungsgeschwindigkeit – SPEED OF IMPLEMENTATION- also die Mixtur von LANGSAM und SCHNELL
Kampf	Integration / Shadow Principle / Arena Expansion (Johari Fenster) anstatt Kampf und Wettbewerb – Persönliche Weiterentwicklung von klein auf – anstatt entwickelt werden / Schattenprinzip als bestes Mittel gegen Krieg/Kampf/Misshandlung / Gewalt
Zeit x Absatzmenge = Kapital	Innovations-Faktor x speed of implementation = Kapital (auch "Treasure Value" in Form des Humankapitals = Schatzkiste = Corporate Think Tank & innovative Mitarbeiter Mengen können kleiner sein, dafür teurer & ökologisch sinnvoller
Höher, Schneller, Weiter als Prinzip ohne zwingende Vorgabe von Qualität, Ressourcenschonung, Klimaschutz usw.	**Reduktion als Prinzip für Essenz und Qualität mit dem Ergebnis ONE** = Essenz = Produkt/Service/Output. Auch hier wird ein Umdenken und Umlernen (Breaking-the-Rules; Unlearning) zwingend erforderlich hin zu einem strategischen Reduktionsmanagement für jedermann. Der wissenschaftliche Hintergrund ist wie bei einem chemischen Reduktions-Vorgang: aus mehr wird weniger, es wird aus der Umwelt etwas absorbiert und zu weniger, einer Essenz im eigentlichen Sinne, reduziert: Reduktion ist eine Reaktion bei der ein ein- oder mehratomiges Teilchen Ox ein oder mehrere Elektronen aufnimmt. Dabei bildet sich das Teilchen Red: O x + ne- → R e d Im Zeitalter von KI ist dies übersetzt: das Komplexe zu filtern, Wichtiges zu verinnerlichen, Im Ergebnis eine Vereinfachung herzustellen und so zu einer Lösung zu kommen. Komplexes filtern wir nur durch Reduktion und dem Zurücknehmen von Zuviel.

- in Verbindung mit Training für Innovationskultur, Change & Kreativität
- Design of Change = laufender Change als Prozess im Unternehmen
- Glück ist Knäckebrot / Nature Experience NX = Stress- und Reduktionsmanagement

und anderen Zukunfts-Konzepten, die diesen Prozess unterstützen
Entwickelt: März 2014, modif. 2017

ECONOMY FOR FUTURE

Sabine Hauswirth

Mit diesem Buch möchte ich dazu beitragen, die Welt ein Stück besser zu machen. Wer die Topics tief bearbeitet, durch entsprechende Recherche den Topic weiter entwickelt, wird konkrete Lösungsansätze zum individuellen Anliegen erhalten. Die Welt ist viel zu komplex, um Rezepte und Lösungen vorgelegt zu bekommen. Das tiefe Wissen und Fortschritt werden durch Entwicklung gelegt.

Herzlichst, Ihre Sabine Hauswirth

Über mich

Ich bin Betriebswirtin bAV (FH) und Dipl. Verw. wirtin (FH). Mein Leben lang schon trainiere ich mein vielfältiges Potenzial. Dass dies jeder genauso kann, davon bin ich überzeugt. Die Vorteile liegen auf der Hand, und angesichts der Herausforderungen, die vor uns liegen, werden wir Zeit benötigen, um Multi-Potenzial zu trainieren von Anfang an. Wer mehr von mir sehen und lesen mag: www.sabine-hauswirth.com

01

ANNEX

05

Umschlag, Illustration, Satz: Sabine Hauswirth
Umschlagsmotiv & Gestaltung: Sabine Hauswirth, unter Verwendung von Grafiken von Studiog und Alena Batura

Bildnachweis weitere Grafiken und Icons in diesem Buch - Die Urheber:
mayoricons, iconixar, shmaiinc, cuputo, INORTON, Becris, CHirawan, creativemahira, icons8, Fahmi Cedric Images, Atomic Icon, Flatart, nithinintatah, Eucalyp, iconsy, Juicy Studios LTD, Dervish 47, Chattapat, Suzine's Images, Saepul Nahwan, maryicons, agusraharj, Leremy Gan, Muhammad Atif, Rafiico Studio, Mykola Lytvynenko, Doddis, creativepriyanka, Obraztsov, itim2101, Mena Vega, Mavadee, Sumitsaengthong, Arttahanane, Vasabii, Achmadi Yusuf, Startup Graphic Design, Anar Abasov's Images, Barudak Lier, Visual Generation, iconsolid, Canva, Studio 365/witdhawatyicons, Dimpleoo, Massupakaewgahya, Nubaia, dDara, Puckung, iconbros, Korkeng's Images, Leremy Gan, Gingkaewicons, Prohee, Smalllike, Mynamepong, MR Rashad, WiStudio Elements, Puruanstock, Thanhloc123, Smashing Stocks/Vectors Market, Iconfromus, Kelly's Images, Sketchify/Vena Wega.

Druck und Distribution im Auftrag der Autorin:
tredition GmbH, Halenreie 40-44, 22359 Hamburg, Deutschland

Verlagslabel: Lichtscheune Media & Management, www.lichtscheune.de/verlag
1.Auflage

ISBN Softcover: 9783945114551
ISBN Hardcover: 9783945114612
ISBN E-Book: 9783945114629